10年つかえるSEOの基本

土居健太郎

技術評論社

すずちゃん

Webデザイン会社出身で事業会社に転職。マーケティングを一任されるも、技術的な知識はからっきし。

土居くん

すずちゃんの学生時代の先輩だけど、留年してたので同級生。SEOの専門家。

プロローグ

「これからはWebを使って効率的に販促をしていきたい。でも、予算には限りがあるから、まずはSEOに力を入れていこうってなってるわけ。すずちゃん、Webの経験者だから、できるよね?」

転職した仕事先でいきなりそんなお願いをされて。「も、もちろんです。任せてください」とか言っちゃったけど、実際にはWebデザインが中心だし、まわりに頼れる人はいないし……。

あ、そうだ。大学の先輩なのに留年していつの間にか同級生になってたあの人もSEOやってるって言ってた。ごはん誘ったら来てくれるかな……。メールしてみよっと。

「久しぶりー!　元気??　ちょっと話したいことあるんだけど、今日の夜ヒマ??　今日は私がごちそうするよ!」

即答で「いいよ、あと別にごちそうとかいらないよ」ってレスが来た。

目次

第1章

検索エンジンは、なんのために、どんなことをしてるのか

第2章

検索する人の気持ちと行動を考えてみよう

KEYWORDS

第5章 コンテンツを作ろう

第6章

リンクを集めよう

第7章 SEOを「売り手目線の販促活動」と考えてはいけない

おわりに 検索エンジンの進化とこれからのSEO

第1章

検索エンジンは、なんのために、どんなことをしてるのか

SEOは専門知識がなくてもできる

……という状況なの、助けて！

なんか期待と違ったんだけど、まあいいや。
まず、今の理解度を知りたいんだけどさ。すずちゃんはSEOのことどれくらい知ってるの？

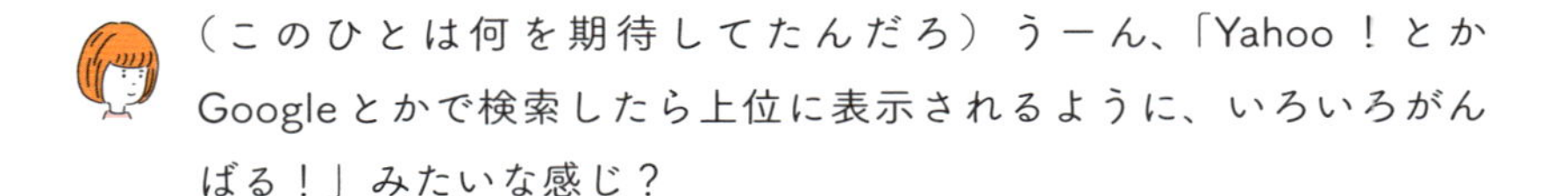

（このひとは何を期待してたんだろ）うーん、「Yahoo！とかGoogleとかで検索したら上位に表示されるように、いろいろがんばる！」みたいな感じ？

まあ、まちがってはないかな。でも、そのためにどういうことをしないといけないかは勉強したことある？
SEOって、本当は1つ1つ正しく理解していけば、難しそうな専門知識がなくてもきちんと実践できて、結果を出せるものなんだ。ただ、SEOってよくわからないことが多いから、どうしても謎解きゲームみたいな感覚だったり、ランキング競争みたいな要素もあるじゃない？　だからいろんな人が「検索エンジンを攻略して1位を目指そう！」ってなっちゃって、ゲームの攻略法みたいによくわからないテクニックの情報が増えちゃうんだよね。

たしかに「見えない何かを攻略する」ってイメージあるかも！

実際、そういう要素がまったくないわけではないけどね。でも、「見えない何か」と格闘するよりも、ちゃんとわかることを1つ1つおさえていったほうがいいでしょ？

うん、そうだね。

検索エンジンは「だれにとっても、どんな質問に対しても、最高の回答者」であろうとしている

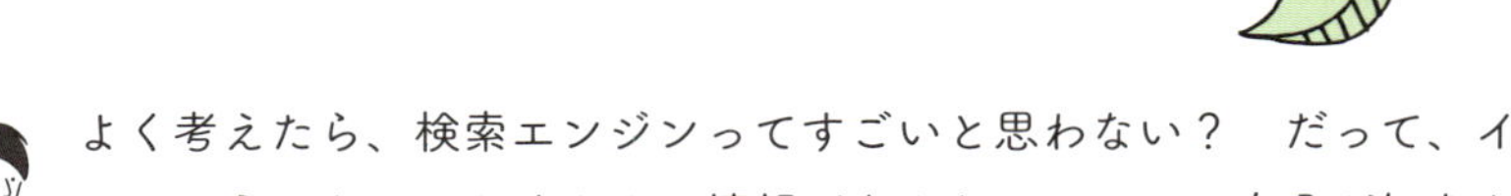

よく考えたら、検索エンジンってすごいと思わない？　だって、インターネットにはたくさんの情報があふれてるのに、自分が知りたいことを言葉にして打ち込んだら、だいたいそれに当てはまるようなページがヒットするわけじゃない。

言われてみればそうだよね。聞いたら何でも答えてくれる感じ。

もし、何を聞いても「そんなもの知らない」とか言われたり、的外れな回答ばかり返ってくるなら、だれも使わなくなるでしょ？　だから検索エンジンは、「だれにとっても、どんな質問に対しても、最高の回答者」であろうとしているんだ。そうすれば、困った時にいつも検索してもらえるからね。

なんかわかる気がする。ちょっとしたこと質問すると「ググレカス」とか言われたりするのって、「そんなもの検索して調べればす

CHAPTER 1
CHAPTER 2
CHAPTER 3
CHAPTER 4
CHAPTER 5
CHAPTER 6
CHAPTER 7

ぐわかるでしょ」っていう意味だもんね。

そう。それですずちゃんに考えてほしいんだけど、「だれにとっても、どんな質問に対しても、最高の回答ができる」のって、どういう人だと思う？

んー、「何でも知ってて、知識の引き出しが多い」とか、「質問した人のことをちゃんと理解してくれてる」とか、「質問した人が知りたいことを正しく教えてくれる」とかかな？

そういうことだね。つまり、検索エンジンも、そういうことができないといけないんだ。少しくわしく説明すると、こうなる。

検索エンジンについて

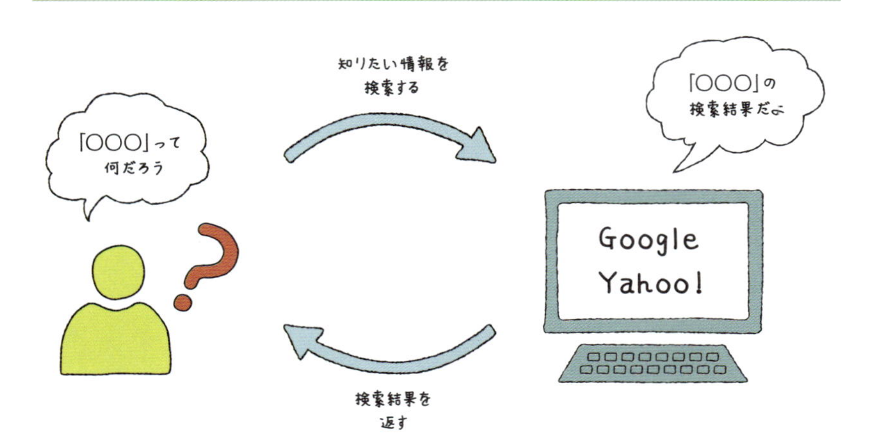

検索エンジンのしくみ

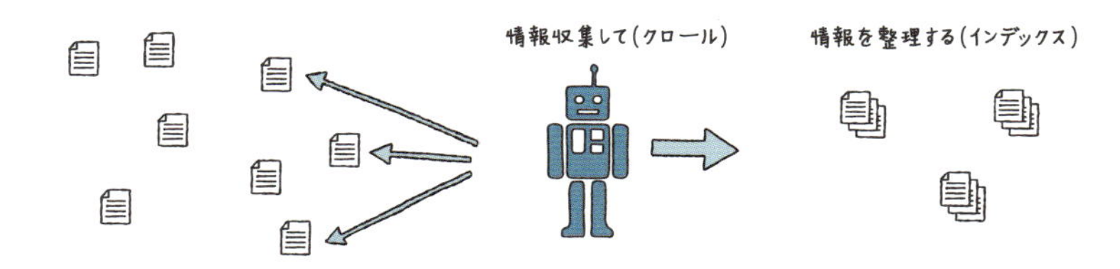

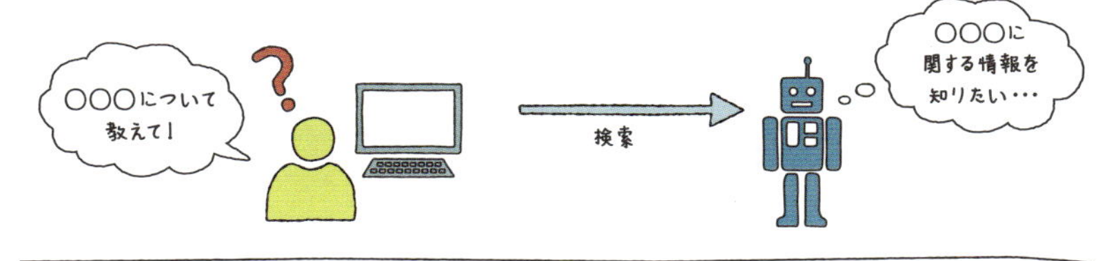

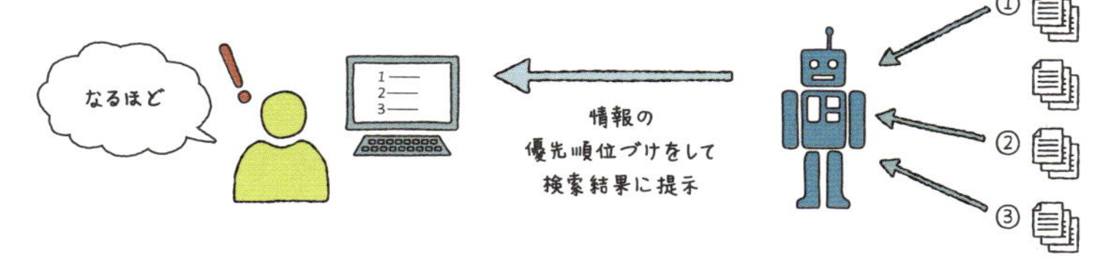

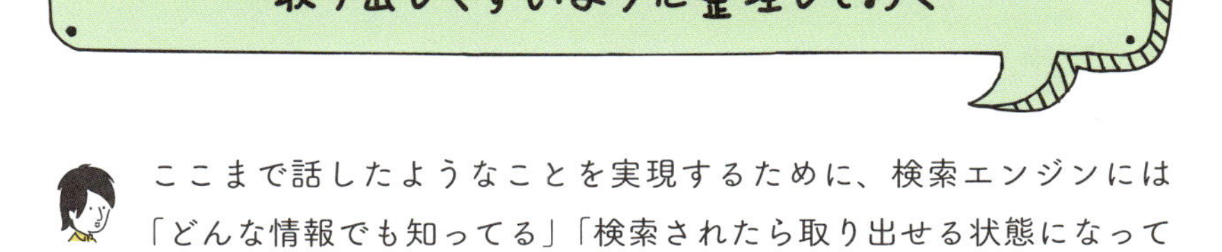

ここまで話したようなことを実現するために、検索エンジンには「どんな情報でも知ってる」「検索されたら取り出せる状態になって

いる」というしくみが必要になる。そのしくみとして、「クローラー」と「インデックス」というものがあるんだけど、聞いたことあるかな？

何それ？

かんたんに言えば、「インターネット上の情報を集めてくる」のが「**クローラー**」で、「取り出しやすいように整理されたもの」を「**インデックス**」っていうんだ。

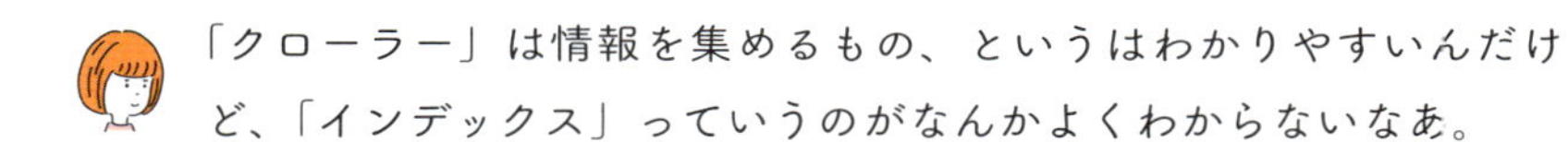

「クローラー」は情報を集めるもの、というはわかりやすいんだけど、「インデックス」っていうのがなんかよくわからないなあ。

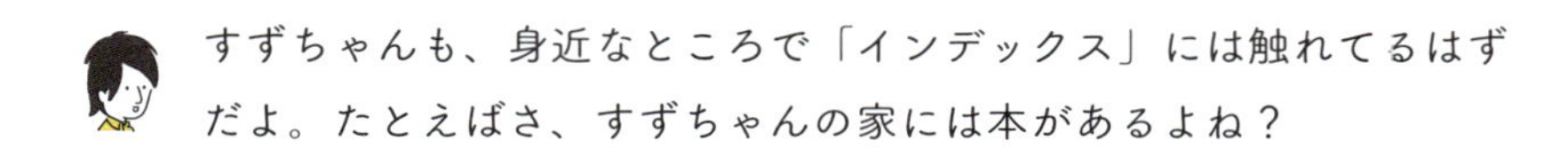

すずちゃんも、身近なところで「インデックス」には触れてるはずだよ。たとえばさ、すずちゃんの家には本があるよね？

うん、さすがに持ってるよ。どうして？

たとえば、その本が500ページもある分厚いやつだったとしてさ、「SEO」について書いてあるページを探したいとするじゃない。その時、１ページ目から最後まで見て探したりする？

するわけないじゃん……一番最後に索引があるから、それで用語が使われているページを探すよ。

だよね。それと同じしくみが「インデックス」。じつはインデックスって、日本語にすると「索引」のことなんだよ。ある言葉に関連するテーマのページを探して提示しなきゃいけないのに、世界中の全部の情報の中から探して引っ張り出すなんてできないよね。だから、それぞれのページにどういう言葉が書いてあるかをあらかじめ解析して、索引みたいにどの言葉がどのページに書かれているかを整理していって、検索されたときに取り出しやすくしているんだ。つまり、あるページがクロールされて、検索エンジンのインデックスに登録されることで、ようやくページが検索結果にヒットするようになるってわけ。

すごい、なんか一気に本格的な話になってきたね。

だからね、まず大事なのは、「ちゃんとクロールされなかったり、インデックスに正しく登録されなかったら、上位表示どころか、検索にヒットすることもない」ということなんだ。

「どういう意図で検索したのか？」を解釈する

「ごめん、私がした質問の意味わかってる？」みたいな人っているよね。

うん、近くにいっぱいいる。会話するのも大変……。

それでも、人間なら「相手の質問の意図をちゃんと汲み取りなさいよ」ってかんたんに言えるかもしれない。けど、機械にそれを求めるのは大変なんだよ。たとえばさ、「“ワンピース”について教え

て」って突然聞かれたら、すずちゃんはなんて答える？

んー、それって「とある島の外れの小さな村に住む、若くして義理の兄を失った17才の少年が、世界の海の王になることを目指して海に出て、道中で出会った少し異色の仲間たちといろんな苦難を乗り越えていく、笑いあり涙あり、の海賊をテーマにしたフィクションストーリー」についてなのか、「上衣とスカートがひとつなぎになった、女性向けの衣類」についてなのかわからないよ。だから「ごめん、どっちの話？」って聞くと思う。あとは「それの何について聞きたいの？」とか。

そうだよね。でも、検索エンジンはそんなことを聞き返したりしないよね。

たしかに。「何について知りたいのかわからないので、もっと具体的な言葉で検索してください」とか言われたら腹立つもんね。でも、わからないものはわからないじゃない。どうするの？

じゃあ、実際に検索してみよう。2ページ目くらいまでめくって見ると、ほとんどが海賊のほうのワンピースの情報が表示されているよね。なんでかわかるかな？

▼ Googleで「ワンピース」と検索した結果（1 ページ目）

▼ Googleで「ワンピース」と検索した結果（2ページ目）

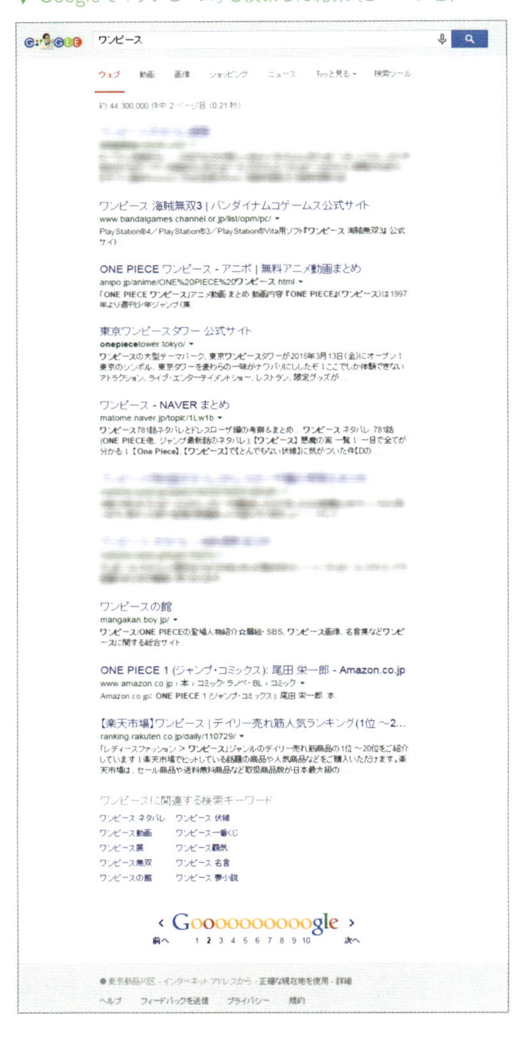

本当だ。なんでかな？「とある島の小さな村に住む（中略）ストーリー」のほうが人気があるから？

ざっくり言えばそういうことかな。もっとくわしく言えば、「“ワンピース”って検索する人のほとんどが、海賊ストーリーの情報を探してるから」っていったほうがより正しいかな。だってさ、その言葉で検索した100人のうち、90人が「海賊の情報を知りたい」と思って検索してるのに、上位に出てくるのが洋服の情報ばっかりだとするじゃない。そうしたら、10人には歓迎されるけど、残りの90人にとってはうれしくない検索結果になっちゃう。それじゃあ、みんなが使うサービスとしては良くないよね。

うんうん、わかるわかる。

つまりこれって、「この言葉でみんなが知りたいのってこういう情報だから、検索結果もこういう感じにしないとダメだよね」ってことを、検索エンジンがある程度理解できてるってことなんだよ。

へえー、そんなこと考えたこともなかった……。

じつは、これってSEOを専門で仕事をしている人でも見落としがちなんだよ。だから、洋服のほうのページのSEOをがんばろうとしてさ、「なんでこのページがもっと上位に来ないんだよ！」って言ってる人もいると思う。だけど、答えとしては「みんなが知りたいことがそれじゃないから」っていう、もっと根本的な問題なんだ。もちろん、“ワンピース”はそういうものの象徴的な事例で、ここまで極端に偏ることはめったにないけど。

ふーん、なるほどね！　あ、それとね、「検索エンジンってすごいなー」って思ったことがあって。サッカーのワールドカップがあったときに、「明日の試合って、何時からだっけ？」って思って「コロンビア戦」ってだけ打ち込んで検索したの。そしたら検索結果に「明日５：00から」っていきなり出てきて。そのほかの検索結果もね、その時のワールドカップの話題ばっかりだったんだ。まだ公開されて何日もたっていないようなページだったのに。検索エンジンって、そんなこともわかるの？

良い着眼点だね。それはね、「今こういう検索をする人は、絶対明日のワールドカップの日本 vs コロンビアの情報を知りたい」ってわかっているわけ。さっきの「その言葉が表す意味」じゃなくて、**「情報の新鮮さ」に着目したしくみ**なんだ。
たとえば、大きなニュースがあったときに関連する言葉で検索するとそのニュースの記事が多く出てきたり、芸能人が結婚したり離婚したりしたときもその人の名前で検索したら検索結果がそういう話題を取り上げた記事でいっぱいになったり。「今まさに知りたい情報」を理解して、検索結果に返してくれたりする。時事性の高い検索キーワードだとこういうことも起こるんだよ。

へー、いろいろなしくみがあるんだね。普段検索してて、そんなこと考えたこともなかったよ。

そういう意味では、「このページが、こういうキーワードでヒットするといいな」って思った言葉で、実際に検索してみるのは重要だよ。
たとえばね、仮にそのページが健康食品の通販サイトの商品ページだったとしても、ヒットさせたいキーワードで検索結果の上位にく

るのが通販サイトじゃなくて、その食品の成分とか効能に関する情報ばっかりだったとするじゃない。そしたら、「検索エンジンは『この言葉でみんなが知りたいことって、通販じゃなくて、こういう情報だよね』って解釈してるかも！」って仮説が立てられるよね。
もしこういうしくみを知っていれば、その言葉で無理やり上位を狙うんじゃなくて、もっとみんなが「買いたいよー」っていう言葉を探したりできるじゃない。

なるほどね。サイトを運営してる人が「こうしたい！」って思っても、検索エンジンがその言葉を違う解釈していた場合、もともとそのキーワードで上位に表示することが難しいってことだもんね。それがわからないと、「何で何で？」ってそこにこだわっちゃって、あんまり努力が報われないってことか。

どうやって検索結果の
順位を決定しているのか

検索すると、結果が順位づけられて出てくるよね。順位を決定されるってことは、点数みたいなものがあって、点数が高い順に並んでるってことはなんとなく理解できる？

学校のテストとかと同じように、採点基準があって、それに基づいて点数がつけられてるってこと？

そういうこと。でも、これだけたくさんの情報がインターネットで流通していて、これだけたくさんの検索キーワードがあるから、人間が1つ1つ精査してランキングを決定するなんて不可能だよね。だから、基本的にすべてのランキングは機械的に計算されている。その計算のためのしくみのことを「**アルゴリズム**」って言うんだ。

ランキングはアルゴリズムで自動的に計算される

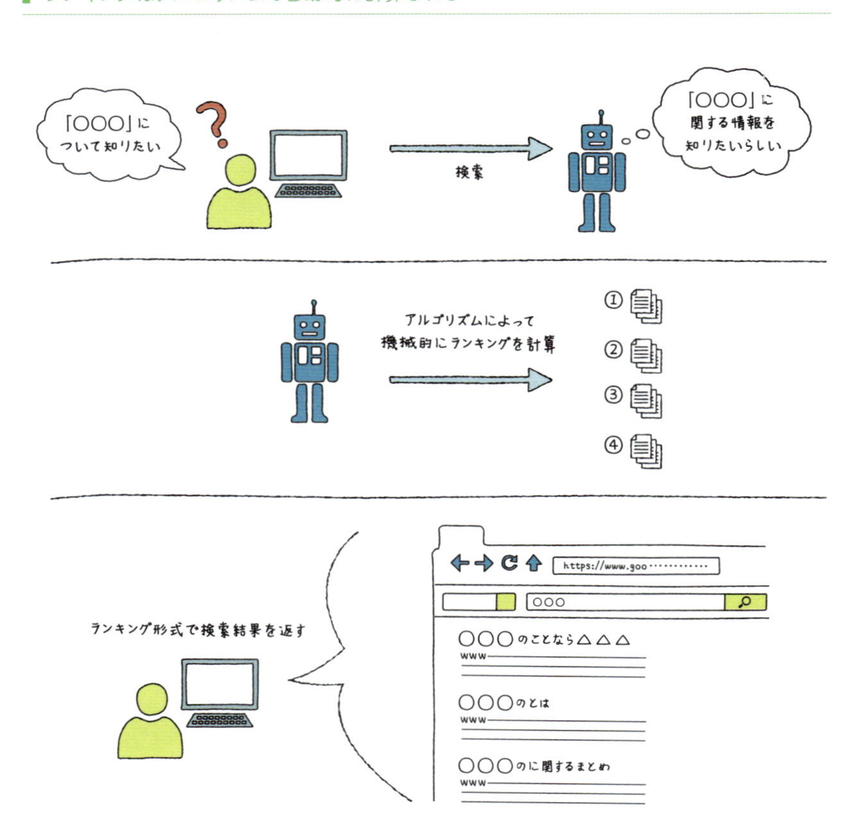

アルゴリズムの中身を知る方法はないの？　それがわからなければ、何を根拠に対策すればいいかわからないじゃん。

その質問には、YesともNoとも答えられる。
「アルゴリズムがどういう計算をしているかを具体的に把握して、今の検索結果がなぜこのランキングなのかを説明することはできますか？」という意味なら、答えはNo。たとえばGoogleだと、ランキングの決定には200以上の要素が参考材料として使われていて、詳細は公開されていないからね。しかも、年間で何百回もの変更が加えられている。外からその詳細まで把握することは不可能なんだよ。

じゃあ、Googleの中の人に聞かないとわからないってことなんだ？

いや、もしGoogleの検索エンジンを作っている技術者に「なんでこのサイトが1位なんですか？」って質問しても、「知らない。アルゴリズムでそう計算されただけ」としか答えられないんだ。毎日のようにいろんな変更をテストしてみたり、しくみ自体を変えてみたり、参考材料を増やしてみたり。しかも人間が作っているものだから、不具合があったり、うまくいってないこともある。**決して、Googleも完全ではないんだ**。そういう前提で考えないといけない。

でも、さっき「Yesとも回答できる」って言ってたじゃない。あれはどういうこと？

それは、「どういう改善をすればいいかを知ることはできますか？」であれば答えはYes、ってこと。

中身がよくわからなくても、やることはわかるの？　なんで？

受験勉強にたとえてみようか。「入学試験でどういう問題が出るかわからないのに勉強できるの？」って聞かれたら、なんて答える？

えー、なにそれ。実際にどんな問題が出るかはわからないけど、どういう能力が試されているかはわかっているわけだから、勉強することは変わらないでしょ。

それと同じことだよ。アルゴリズムの内容がわからないけど、**Googleがどういう検索結果を作ろうとしているか、それを理解して、SEOでやることもそこに合わせればいい**ってだけなんだ。
逆に、アルゴリズムの内容を暴いてランキングを上げようとするのは、言ってみれば「入試問題予想」みたいなものの解答を丸暗記して試験に臨むような勉強法とたいして変わらないってこと。
もちろん、傾向とかを見て、ある程度は緩急つけて勉強することはテクニックとして大事だよ。でも、それだけやっていたら、いつまでたってもGoogleの変更に振り回されるだけだからね。

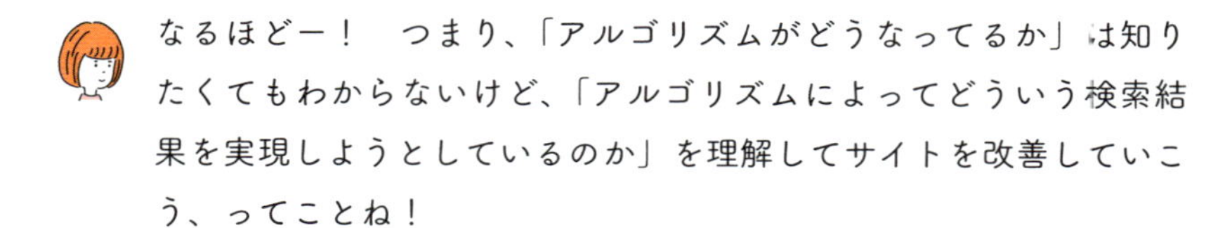

なるほどー！　つまり、「アルゴリズムがどうなってるか」は知りたくてもわからないけど、「アルゴリズムによってどういう検索結果を実現しようとしているのか」を理解してサイトを改善していこう、ってことね！

そういうこと。大枠としてアルゴリズムにどういうしくみがあるかは公開されているから、そういうところからGoogleが実現したいことを汲み取るってわけだね。

第1章 まとめ

Point1 検索することは「質問する」ことと同じ

検索する人は、わからないことや困ったことを解決するために、わざわざ検索サービスに言葉を打ち込んで情報を探します。それはすなわち、「検索エンジンに質問を投げかける」ことと同じです。

Point2 検索エンジンは「検索する人の質問に回答するしくみ」

検索エンジンは、検索する人から質問を受け、回答を示さなければなりません。そのために、世界中のあらゆる情報を集め（クロール）、取り出せる形に整理し（インデックス）、その中から良質な回答を選定する（アルゴリズム）、一連のしくみを持っています。

Point3 SEOとは「回答」を用意し、検索で取り出されやすい状態を作ること

以上のことから、SEOの基本的な取り組みは、以下の3点に集約して表すことができます。

①検索する人にとって「回答」となるようなコンテンツを用意し
②検索エンジンに正しくクロールされ、インデックスに登録される状態を保ち
③アルゴリズムによって選定された結果、優先的に表示されるようにする

Point4 SEOは「ランキング競争」でも「順位を操作するテクニック」でもない

SEOは「どうやってほかのサイトより上位にするか」「どうやって

効率よく順位を上げていくか」といった短絡的な施策を指すものと解釈されがちです。しかし本来は、「検索エンジンが、検索する人に、どのような結果を提示しようとしているのか？」を理解し、検索結果でより優遇されるに値するサイトにしていくことにほかなりません。

第2章

検索する人の気持ちと行動を考えてみよう

SEOを目的にしない

じつは、今いちばんSEOで失敗しやすいのって、「検索エンジンのアルゴリズムを攻略して上位表示する」みたいな思考なのね。「SEOすることがSEOの目的になってる」というか。

どういうこと？

すごく乱暴に言ってしまえば、**「SEOなんて考えなくていい」ことだってたくさんある**んだ。

そうなの？

うん、だって極端な話、サイトに載ってる情報が「だれも検索しないような情報」だった場合、検索して探されないんだから、SEOなんて考える必要はないよね？

なるほどね〜。でもさ、この前会った人が「検索して見つからないということは、世界に存在しないのと同じ」って言っていたけど……。

たしかに、ひと昔前はそうだったかもね。インターネット上で新しい情報にたどりつく手段が今よりも限られていたから。でもさ、すずちゃんだって、今インターネットで見てる情報すべてを検索して見つけているわけじゃないでしょ？？

あ、たしかに。Facebookに流れてきたり、広告で気になってクリックしたり。友達から教えてもらったりとか。あと、ネットサーフィンしていてたまたま見てた記事で紹介されて知ったりとかもあるよ。
あっそうか、検索以外にも自分のサイトを知ってもらう方法っていくらでもあるんだね。

そのとおり。**SEOは、そういう「いくらでもある手段のうちの1つ」**って考えることもとても重要なんだ。残念ながら、SEOではすべてを解決できないんだよ。むしろ、解決できない問題のほうが多い。

なんか軽く名言っぽいこと言ったね。

そのうえで、「検索を通じて知ってもらう」→「知ってもらったうえで、自社の売上につなげる」にはどうしたらいいかを考えないといけないんだ。

うんうん、なるほど！

検索する人は どのようにサイトに訪れるのか？

じゃあ、検索する人がどのようにサイトに訪れているのかを見てみようか。

▼ 検索する人がどういう経路でサイトを訪れているか

	Default Channel Grouping	集客		
		セッション	新規セッション率	新規ユーザー
		535,486 全体に対する割合: 100.00% (535,486)	69.77% ビューの平均: 69.74% (0.04%)	373,606 全体に対する割合: 100.04% (373,460)
	1. Organic Search	361,675 (67.54%)	73.05%	264,203 (70.72%)
	2. Direct	54,479 (10.17%)	72.41%	39,448 (10.56%)
	3. Social	44,714 (8.35%)	54.35%	24,300 (6.50%)
	4. Referral	43,916 (8.20%)	62.81%	27,583 (7.38%)
	5. Paid Search	26,267 (4.91%)	60.03%	15,767 (4.22%)
	6. (Other)	4,435 (0.83%)	51.97%	2,305 (0.62%)

※Organic Search:自然検索。検索を通じたアクセスのうち広告を経由していないもの
※Direct:どの経路もたどらず直接サイトを訪れたアクセス
※Social:Facebookのようなソーシャルメディアを経由したアクセス。
※Referral:ほかのサイトを経由したアクセス（ソーシャルメディアは除外）
※Paid Search:有料広告を通じて訪れたアクセス

これは**Googleアナリティクス**っていって、かんたんに言えば「サイトの利用状況を自動で集計してくれるツール」の画面なんだ。アクセス解析ツール、って言われてる。どれくらいの人が、どういう経路でサイトを訪れて、どのページが見られてて、どのページでサイトから離脱して、みたいなことがデータとして見れるんだ。企業でWebサイトを運営するなら、必ず導入しておくべきだね。

ふむふむ。このサイトの場合だと、検索を経由したアクセスが7割くらいってことだね。

そうだね。サイトによっては、検索して見つけてもらうことを重視している場合もあれば、Facebookでシェアされることを最優先としている場合もある。もちろん、検索も、ソーシャルメディアも、広告も、満遍なく対策しているサイトもあるよね。
サイトがどういう情報を扱っていて、どういうシーンで探して（見つけて）もらいたいか？　それによって、このあたりの優先度は変えていく必要があるんだ。

なるほどね〜。検索は大事だけど、必ずしも、検索して見つかるのが最重要ってことではなくて、何を重視するかはサイトによって違うってことなんだね。

「キーワードの種類」と「最初に訪れたページ」を見よう

そういうこと。
次に見てほしいのはこのあたり。さっきのサイトの検索キーワードの種類とか、検索して最初に訪れたページの内容とか。

	キーワード	ランディング ページ	集客		
			セッション	新規セッション率	新規ユーザー
			41,503 全体に対する割合: 13.24% (313,460)	76.06% サイトの平均: 69.29% (9.77%)	31,567 全体に対する割合: 14.53% (217,203)
1.	インデックスとは	/basic/terms/index/	1,497 (3.61%)	92.52%	1,385 (4.39%)
2.	サブドメイン	/basic/knowledge/subdomain-subdirectly/	824 (1.99%)	85.68%	706 (2.24%)
3.	ペンギンアップデート	/basic/terms/penguin_update/	649 (1.56%)	67.49%	438 (1.39%)
4.	サブドメインとは	/basic/knowledge/subdomain-subdirectly/	524 (1.26%)	83.21%	436 (1.38%)
5.	ディスクリプション	/basic/knowledge/title-meta/	501 (1.21%)	81.24%	407 (1.29%)
6.	アンカーテキスト	/basic/terms/anchor_text/	430 (1.04%)	71.63%	308 (0.98%)
7.	パンダアップデート	/basic/terms/panda_update/	422 (1.02%)	66.82%	282 (0.89%)
8.	wordpressとは	/blog/cms/about-wordpress/	398 (0.96%)	90.45%	360 (1.14%)
9.	meta description	/basic/terms/meta-description/	299 (0.72%)	87.96%	263 (0.83%)
10.	ブラウザとは	/basic/terms/browser/	274 (0.66%)	96.35%	264 (0.84%)
11.	google seo	/basic/knowledge/google-seo/	256 (0.62%)	83.20%	213 (0.67%)
12.	アルゴリズムとは	/basic/terms/algorithm/	236 (0.57%)	91.95%	217 (0.69%)
13.	ユニバーサルアナリティクス	/blog/tool/universal_analytics/	222 (0.53%)	75.23%	167 (0.53%)
14.	ブログ メリット	/blog/contents/blog_taihen/	215 (0.52%)	95.35%	205 (0.65%)
15.	インデックス数	/basic/qa/index-seo/	177 (0.43%)	71.75%	127 (0.40%)
16.	構造化データ	/blog/html_css/kouzoukadata/	177 (0.43%)	63.28%	112 (0.35%)
17.	メタディスクリプション	/basic/knowledge/title-meta/	176 (0.42%)	76.14%	134 (0.42%)
18.	オーガニック検索	/basic/terms/organic-search/	174 (0.42%)	83.91%	146 (0.46%)
19.	seo	/	171 (0.41%)	69.59%	119 (0.38%)
20.	ロングテール	/basic/terms/long-tail-seo/	164 (0.40%)	78.66%	129 (0.41%)
21.	被リンクとは	/basic/qa/backlink-seo/	163 (0.39%)	84.05%	137 (0.43%)
22.	アンカーテキストとは	/basic/terms/anchor_text/	159	76.10%	[illegible]

※ランディングページ：最初に訪れたページのこと。「着地ページ」ともいう。

ほえー。とりあえず、なんかたくさんある……。

何か気づくことはある？？

検索されるキーワードって、たくさんあるんだね。あと、入口になるページも本当にいろいろ……。

うん、そうだね。検索の裏側のしくみが昔とちょっと変わって、検索されたキーワードが見えなくなっちゃうことも増えたんだけど、それでもいろんなキーワードをみんなが使ってるってのはわかるよね。そして、そういういろんなキーワードで、いろんなページにアクセスされているのも。

なんかイメージでは「人気のあるキーワードでどれだけ上位に表示できるか」ばっかり考えるのかと思ってたけど、そうじゃないんだね。

そうそう。自分が普段インターネットで検索する時もそうなんだけで、すぐに思いつく言葉を1つだけ入力して、サイトのトップページにたどりつくことって、どれくらいある？　意外に少ないんじゃないかな？

言われてみればそうだね。だから「このキーワードで上位表示する！」じゃなくて、**みんながいろんな言葉で検索することを前提に考えないといけない**んだね。

コンバージョンした人の動向を見てみよう

最後に、検索を通じて**コンバージョン**した人の動向を見てみようか。

コンバージョン？

▼ Googleアナリティクスでコンバージョンの経路を見ると

	MCF チャネル グループの経路	コンバージョン数 ↓	コンバージョン値
1.	オーガニック検索	46 (20.63%)	¥7,994,400 (27.57%)
2.	参照元サイト	29 (13.00%)	¥4,356,000 (15.02%)
3.	ノーリファラー	23 (10.31%)	¥2,404,800 (8.29%)
4.	オーガニック検索 ＞ ノーリファラー	12 (5.38%)	¥1,543,200 (5.32%)
5.	オーガニック検索 × 2	9 (4.04%)	¥904,800 (3.12%)
6.	有料検索	7 (3.14%)	¥1,011,600 (3.49%)
7.	ノーリファラー × 2	6 (2.69%)	¥694,800 (2.40%)
8.	オーガニック検索 ＞ ノーリファラー × 2	6 (2.69%)	¥441,600 (1.52%)
9.	参照元サイト × 2	4 (1.79%)	¥651,600 (2.25%)
10.	有料検索 × 2	3 (1.35%)	¥630,000 (2.17%)
11.	ノーリファラー × 3	3 (1.35%)	¥90,000 (0.31%)
12.	ノーリファラー × 2 ＞ ソーシャル ネットワーク ＞ ノーリファラー ＞ ソーシャル ネットワーク × 2 ＞ ノーリファラー ＞ ソーシャル ネットワーク × 2 ＞ ノーリファラー × 2 ＞ ソーシャル ネットワーク ＞ ノーリファラー × 2	3 (1.35%)	¥750,000 (2.59%)
13.	オーガニック検索 × 2 ＞ 参照元サイト	3 (1.35%)	¥750,000 (2.59%)
14.	有料検索 ＞ オーガニック検索 ＞ ノーリファラー	2 (0.90%)	¥60,000 (0.21%)
15.	ノーリファラー ＞ 参照元サイト	2 (0.90%)	¥330,000 (1.14%)
16.	ノーリファラー × 6	2 (0.90%)	¥51,600 (0.18%)
17.	オーガニック検索 × 2 ＞ ノーリファラー × 2	2 (0.90%)	¥330,000 (1.14%)
18.	オーガニック検索 × 4	2 (0.90%)	¥600,000 (2.07%)
19.	参照元サイト ＞ ノーリファラー × 3	2 (0.90%)	¥450,000 (1.55%)
20.	ソーシャル ネットワーク	2 (0.90%)	¥51,600 (0.18%)

あ、ごめん、初めての言葉だったね。かんたんに言えば、「申し込み」「問い合わせ」「購入」「ダウンロード」みたいに、サイトの目標として設定した地点に到達することをコンバージョンするって言うんだ。

なるほどー。それでそれで？

Googleアナリティクスはけっこう賢くて、どの地点をコンバージョン（サイトの目標に到達）とするかをあらかじめ設定しておけば、「コンバージョンした人が、それまでにどういう経路でサイトにたどりついていたか」を過去にさかのぼって集計してくれるんだ。

えっ、思った以上にいろんな経路で、何回もアクセスされてることが多いんだね……。

そうなんだよ。もちろんサイトの内容にもよるんだけど、「**初めて来て、即コンバージョン！」っていうパターンがそんなに多くない**ことがわかるよね。

たとえそうでも、いろんなところで検索されたことが、結果的にコンバージョンに結びついていることもあるんだね。

そのとおり。よく「サイトに流入してもらう→その場でコンバージョンしてもらう」っていうダイレクトな集客を前提に考えている人がいるんだけど、少なくともSEOでそういう考え方をすることはそんなに多くないんだ。

そうなの？？　何で？

そうすると、どうしてもサイトの内容が「モノを売るためのコンテンツ」ばかりになってしまう。でも、日常的に検索する人って、何もモノを買うとか、サービスを探すために検索しているわけではないよね。

たしかにそうだね。ほとんどが困った時に調べ物するとか、時間つぶしにネットサーフィンしたりとかで、「モノを買う」ってその中でもごく一部の行動でしかないもんね。そういう中で、検索して見つかるのがみんながみんな商品を売りつけるようなコンテンツだと疲れちゃうよね。

そうそう。だから、「検索を通じて、どれだけサイトを見つけてもらえるか？」を突き詰めて考えることも、SEOで大事な考え方の1つなんだ。そうすれば、自然とサイトを知ってもらえる機会も増え

るし、どういう情報を載せたらいいかも考えやすくなる。

うんうん。

もちろん、「ただサイトに来ては帰ってしまう」だけだとビジネスにはつながらないよね。**「サービスや商品に興味を持ってもらったり、サイトに繰り返し訪れてもらったりするにはどうしようか？」ってことを考える**のが大事なんだ。

最初に知っておくべきポイントはたったの４つ

ここまでの話で、検索エンジンのしくみと、検索がサイトの集客に与える影響についてはだいたい理解できたね。

じゃあようやく、「実際にどういうふうにすれば検索にヒットするようになるの？」って話だね！

うん、ようやくここまで来たね。細かいことを話すとキリがないんだけど、まず理解しておくべきことは、じつはたったの４つしかないんだ。

え、それだけなの？

そう。具体的には次の4つ。

①どういう言葉で検索がされているかを知る。

②検索エンジンが正しく理解できるようにサイトを作る。

③みんなが検索を通じて知りたいことをコンテンツ化してサイトに掲載しておく。

④継続的にサイトにリンクを集めていく。

なんか、さっきまでの話を聞いていた限り、もっと複雑なものだと思ってたんだけど……。

もちろん、めちゃくちゃ複雑な作りのサイトとか、ものすごく巨大なサイトとか、新しい技術がたくさん使われているサイトとかだと、細かいことをあれこれ気にしないといけないんだけど……。でも、そうでないほとんどのサイトでは、SEOの取り組みを突き詰めると、だいたいのことはこれらに集約されるんだ。

なんか、もっと「アルゴリズムの中身ってこうなってるから、こういうふうにサイトをチューニングすれば順位が上がるよ！」っていうのを想像していたんだけど……。

ううん、そういうテクニカルな考え方は1回置いておこう。さっきも言ったように、アルゴリズムの中身を完璧に理解することは不可能なんだ。だから、それに合わせてサイトを作ろうとしても、決してうまくいかない。「検索エンジンがどういうサイトを高く評価しようとしているのか？」っていう大枠をきちんと理解して、サイト運営に反映させていくことが一番大事なんだよ。

変に難しくないほうが気が楽で助かるね。

Point1　検索以外の流入経路もたくさんある

SEOを意識しすぎるあまり、サイトを運営することの目的を「サイトが上位表示されること」としてしまっている担当者は少なくありません。サイトがさまざまな経路で発見されることを前提に、その中で「検索エンジンからの流入をどのように確保していくか？」を考えていく必要があります。

Point2　検索されるキーワードと入口となるページはさまざま

実際にサイトを運営してみると、SEOの目標になりやすい代表的なキーワードでサイトのトップページに訪れる人は、全体から見ればごく一部でしかないことがわかります。さまざまなキーワードで情報が探されており、それに適したコンテンツを含むページに直接到達する――そういう視点でサイトを作っていくことが重要です。

Point3　検索する人も行動もさまざま、具体的にイメージすること

検索を利用するシーンや、どういう背景で検索しているのかは、検索する人によってさまざまです。したがって、ものを買ったり、サービスを申し込んだりしようとするような一部の人だけを想定してサイトを作ってしまうと、検索する人との接点の大半を失うことになります。「自分たちのお客さんはどういうシーンで検索をするだろう？」と具体的にイメージすることで、必要なコンテンツやキーワードを見つける手がかりになるでしょう。

第3章

検索キーワードを見つけよう

みんなはどんなキーワードで検索しているのか？

さて、ここからようやく本格的なSEOのやり方について触れていくよ。まずは基礎の基礎である「検索キーワード」から見ていこう。SEOは、「情報を求める人が、検索を通じて求める情報にたどり着けるようにする」ための技術だったね。

うん、これ3回目だね。

そう、大事なことは何度でも言う。だからこそ、まず大事なのは、みんなはどんなキーワードで検索しているのかを知ることなんだ。

たしかに。さっき検索が「質問」だって言ってたけど、どんな質問がされているのかを知らないと話にならないものね。

そうだね。とは言っても、イメージとか感覚の世界で、実際にどういうキーワードが世の中で検索に使われているかを把握するのはちょっと難しいよね。そこで役に立つのが、こんなツール。

キーワードプランナー　https://adwords.google.co.jp/keywordplanner

Googleが提供しているキーワード調査ツールです。月次の検索数の推移や、検索結果における競合がどのくらい多いのか、なども調べることができます。

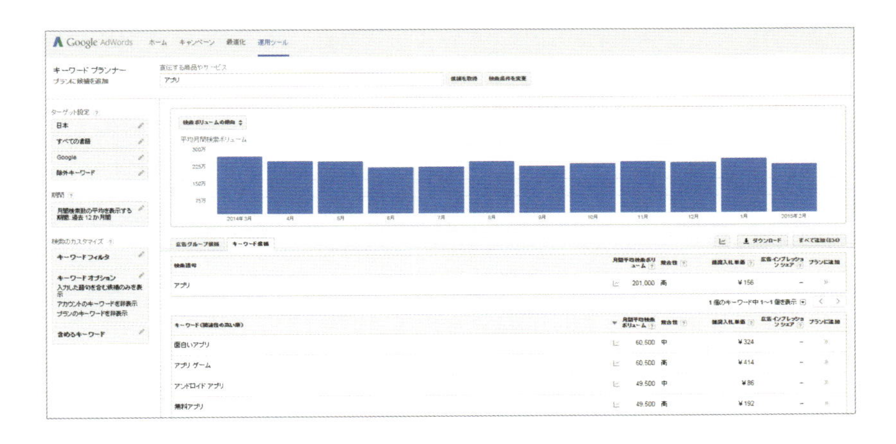

キーワードウォッチャー　https://www.keywordwatcher.jp/

クロスリスティングが提供しているキーワード調査ツールです。Googleキーワードプランナーと同様、月次の検索数の推移などを調べることができます。

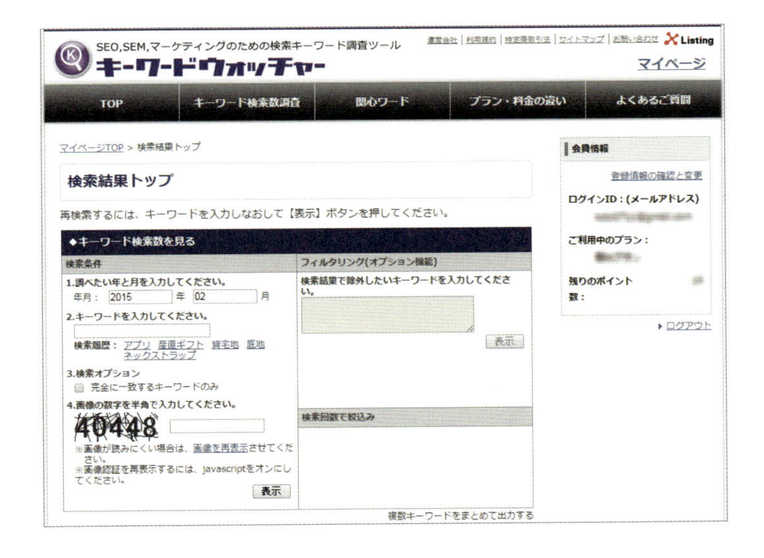

関連キーワード調査ツール

入力したキーワードといっしょに検索されることが多い関連キーワードを教えてくれるサービスです。Yahoo！知恵袋や、Googleサジェストを表示してくれるものもあります。「関連キーワードツール」と検索すると、ほかにもさまざま見つけることができると思います。

▼ goodkeyword（http://goodkeyword.net/）

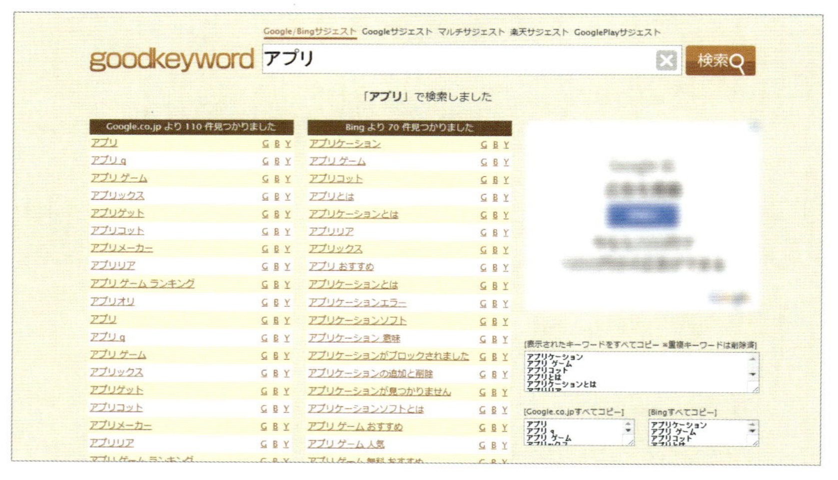

へぇ～、いろいろあるんだね～。

まずはこういうツールを使って、自分たちがターゲットとしたいような層が、どんな言葉で、どんな検索をしているのか調べてみよう。「こんなに検索されているの？」っていう言葉が意外に多くのアクセスを集めたり、「みんな、こういう検索してるでしょ！」って思った言葉が意外に検索されてなかったり、特に最初はいろいろな気づきがあると思う。

感覚でとらえるのではなく、必ず調べる

たとえば、「Webデザイン」って言葉は月にどれくらい検索されていると思う？

えー、わかんないよ……。月間だよね？　うーん、10万回くらい？

実際は1.8万回くらいって出るよ。これはGoogleのデータだから、Yahoo！での検索も合わせて考えれば、ざっくり3万回とかそんなものかな。

キーワード（関連性の高い順）	月間平均検索ボリューム ?
Webデザイン	18,100

ほえー。意外に少ないんだね。

じゃあ、次ね。かけあわせで「Webデザイナー 仕事」だと？

さっきのが3万回だから、5000回くらいでしょうか……。

ううん、これは100回くらいって出るよ。このくらいのデータ量になると、そんなに精度が高いわけじゃないけど、「検索されないこ

とはないけど、そんなに多くない」くらいにはとらえておいて。

検索語句		月間平均検索ボリューム
webデザイナー 仕事		140

うん、わかった。でも、なんか想像してたよりも「少ないな」って思った。

そうだよね。このあたりは、検索に関わる仕事をすればするほど養われていくものだから、特に最初のうちは「**感覚でやるのではなく、必ず調べる**」ということをクセ付けしておいたほうがいいね。

「どんなキーワードが、どれくらい検索されているんだろう？」とイメージできたり調べたりすることができれば、コンテンツのヒントにもなるし、サイトを作るときにどういう形でキーワードを盛り込めばいいかの参考にもなる。

つまり、みんなが検索しているキーワードを知って、そういう言葉で検索している人に見てもらえるようなコンテンツを用意しましょう、と。そういうことだよね？

そのとおり。慣れてくると、もっと細かくキーワードを洗い出したり、トレンドをキャッチしてコンテンツに反映させたり、いろいろ考えることはある。だけど、最初はそんなに難しいことは考えなくても大丈夫。

次の章では、重要なキーワードを把握したうえで、それをどうやってサイトに反映させるのかを考えてみるよ。

Point1　キーワードを知ることは「みんなが知りたいこと」を知ること

検索する人の意図やニーズは、「検索キーワード」という形になって現れます。したがって、検索されるキーワードを把握することは、みんながどのようなことを、どのようなキーワードを使って探そうとしているのか、そのものを知る手がかりになります。

Point2　さまざまなツールを活用して検索キーワードを把握する

検索キーワードを調べるツールやサービスは多くあり、そのほとんどは無料で使用できます。こうしたサービスやツールを活用して、効率よくキーワードを把握することができます。

Point3　特定のキーワードで検索される機会は、想像しているほど多くない

普段から検索データを見慣れていない初心者の方は、「このキーワードで上位に来たら、ものすごく多くの人がサイトに来るはず」と想像されているケースが多いです。実際には、前章で述べたとおり、本当にさまざまなキーワードが検索には使われます。サイトが検索される可能性を必要以上に狭めないよう注意が必要です。

Point4　具体的な検索キーワードから、サイトのコンテンツを考える

キーワードは「検索者の悩み」や「ニーズ」そのものです。なので、難しく考えず、「それを解決するためのコンテンツを用意すればいい」と考えればいいのです。

ただし、実際には検索結果ではほかの多くのコンテンツと競合しま

す。そこで、対象となるキーワードで実際に検索をしてみて、「この検索結果にあるほかのコンテンツよりも優れたコンテンツを作ろう！」と考えることが必要です。

第4章

検索キーワードをサイトに反映させよう

やり方はサイトによって違ってくる

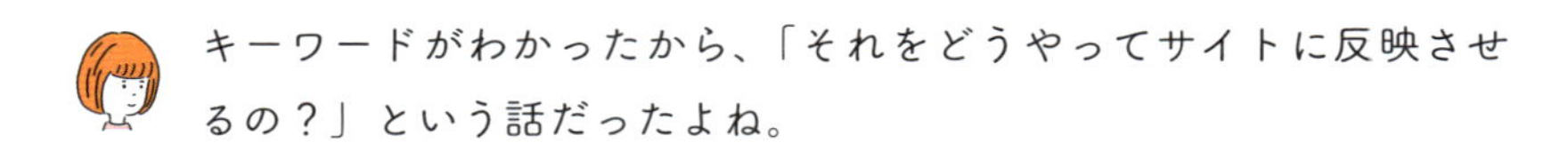

キーワードがわかったから、「それをどうやってサイトに反映させるの？」という話だったよね。

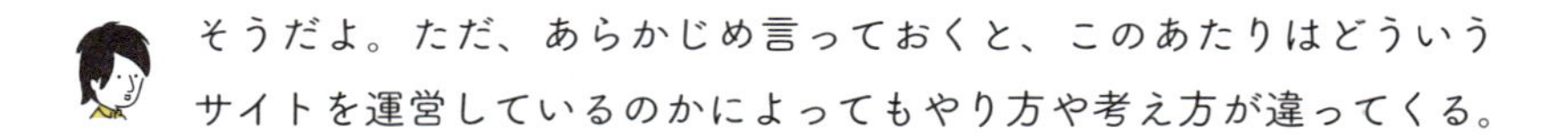

そうだよ。ただ、あらかじめ言っておくと、このあたりはどういうサイトを運営しているのかによってもやり方や考え方が違ってくる。

ふーん、そうなんだ？　よくわからないけど。

たとえばブログメディアを運営している場合と、ネットショップを運営している場合では、サイト運営の考え方が大きく違う。
ブログは基本的には新しい記事を書くことが中心なんだけど、ネットショップの場合は商品それ自体がコンテンツとして存在するし、それを束ねるカテゴリーごとの商品リストページがあったりするよね。

だから「サイトにキーワードを反映させる」といっても、やり方までは一概には言えないってことか。

「これから作るものにキーワードを入れる」のか「既存のデータを最適化する」のか、似ているようだけど違うのはわかるよね。同じように、世の中にはいろんなサイトがあるから、「**キーワードはこうしろ！」っていうベストアンサーが1つだけ存在する、なんてことはない**んだ。この前提をふまえたうえで、キーワードをサイトに反映させていくときの基本的な考え方について触れていくね。

キーワードを検索結果に反映しやすくするための6つのポイント

ようやく実践的なお話？

その前に、まずはHTML（エイチティーエムエル）についてかんたんに説明しておいたほうがいいかな。

あ、でもそれは私大丈夫だよ。「Hyper Text Markup Language（ハイパーテキストマークアップランゲージ）」の略語だよね。

そうだね、わかりやすく言えば「Webサイトを作るための標準言語」みたいな感じかな。普段ブラウザを通じて見ているWebサイトは、このHTMLをブラウザが解釈して表示しているものなんだ。

▼ Webページを形成しているHTMLの一部

```
<!DOCTYPE html>
<html lang="ja" dir="ltr">
<head>
<meta charset="utf-8">
<meta http-equiv="Content-Type" content="text/html; charset=utf-8" />
<meta name="keywords" content="Appliv,アプリヴ,iphoneアプリ,ipadアプリ" />
<meta name="description" content="57,282件のアプリレビューと独自のランキングから、あなたが欲しいアプリを探すことができます。新着アプリもおすすめアプリも、iPhoneアプリ・iPadアプリをお探しならApplivにお任せください。" />
<!--[if lte IE 8]>
<script src="http://app-liv.jp/js/html5.js" type="text/javascript"></script>
<![endif]-->
<!--[if lte IE 7]>
<script src="http://app-liv.jp/js/json2.js" type="text/javascript"></script>
<![endif]-->
<meta http-equiv="content-script-type" content="text/javascript" />
<meta http-equiv="content-style-type" content="text/css" />

<meta property="og:url" content="http://app-liv.jp/" />
<meta property="og:type" content="object" />
<meta property="og:site_name" content="Appliv(アプリヴ)" />
<meta property="og:title" content="Appliv[アプリヴ] - iPhone・iPadアプリが探せる、見つかる" />
<meta property="og:image" content="http://img.app-liv.jp/app-liv200.jpg" />
<meta property="og:description" content="57,282件のアプリレビューと独自のランキングから、あなたが欲しいアプリを探すことができます。新着アプリもおすすめアプリも、iPhoneアプリ・iPadアプリをお探しならApplivにお任せください。" />
<meta property="fb:app_id" content="479262138754158" />
```

HTMLの書き方とか読み方みたいな細かい話はここでは解説しないけど、今回は特に、titleタグ（<title>要素）、metaタグ（<meta>要素）のように、「ページがどのようなテーマであるか」について表すようなところを中心に、キーワードをどのように含めていくかを解説するよ。
重要なキーワードを検索エンジンに認識してもらって、検索結果に反映しやすくするための基本的なポイントは、ざっと6つ。

- **titleタグにキーワードを含める**
- **meta descriptionにキーワードを含める**
- **最初の見出しにはキーワードを含める**
- **ページ内のテキスト要素にキーワードを含め、なるべくページ上部に出現させる**
- **「見てほしい人が使いそうな言葉」をなるべく選んで使う**
- **自然な文章で表記し、不自然な繰り返し表現を用いない**

まずはタイトルをきちんとつけよう

ひとつずつ解説していくね。まずはtitleタグ。これはページのタイトルを表すHTMLタグで、検索結果にそのまま表示されるよ。

▼ titleタグで囲まれた文字は検索結果にそのまま表示される

それと同時に、titleタグは検索エンジンがページの内容を理解するうえでとても重要な役割を果たしているんだ。人間だって、ファイル名を見れば、内容をある程度理解できるよね。たとえば、こんな名前のファイルがあったら、中身がどういうものか推測しやすいよね。

うん、そうだね。よくわかる。

でも逆に、こんなファイル名があっても、これだけみたら何のこっちゃよくわからない。

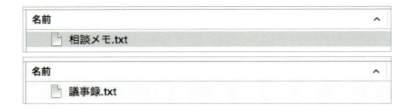

あー、あるある。よくある。そしてそういうファイルがいくつもあると、結局どれが何を表してるかわからなくなって、ごちゃごちゃになったりして。気づけば自分のフォルダにこんな名前のファイルがいっぱい、みたいな……。これじゃダメなのは、経験としてもよくわかるよ。

うん、そうだね。ちなみに、こういうのはどうかな？

▼ 2014年9月30日、大学時代の先輩（っていうか同級生？）の土居さんにSEOで困ってたから相談をして、そのとき2時間くらい話してもらったSEOのポイントまとめ.txt

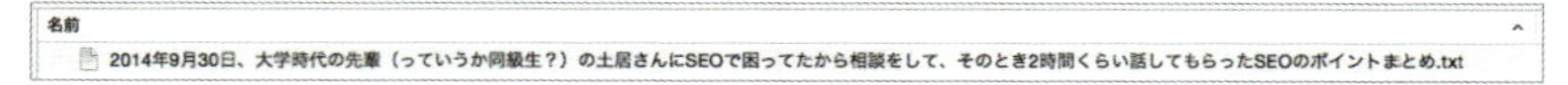

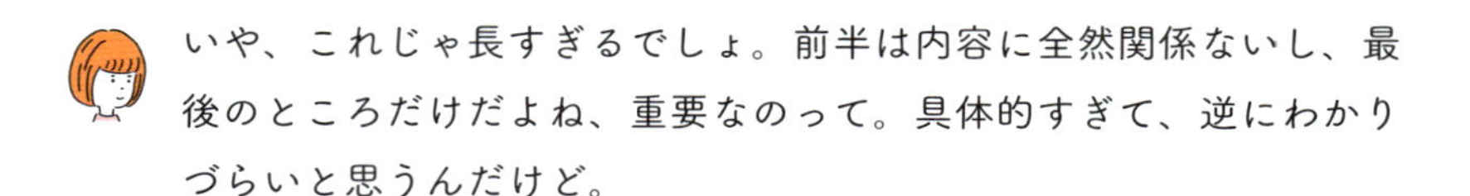

いや、これじゃ長すぎるでしょ。前半は内容に全然関係ないし、最後のところだけだよね、重要なのって。具体的すぎて、逆にわかりづらいと思うんだけど。

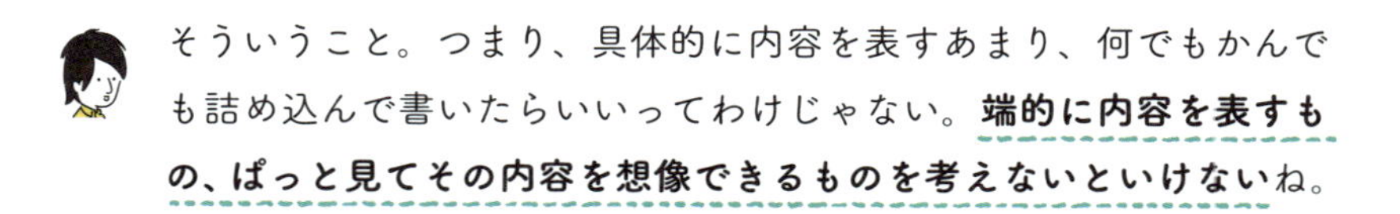

そういうこと。つまり、具体的に内容を表すあまり、何でもかんでも詰め込んで書いたらいいってわけじゃない。**端的に内容を表すもの、ぱっと見てその内容を想像できるものを考えないといけない**ね。

たしかに。文字数とかも気にしたほうがいいの？

明確な決まりがあるわけじゃないんだけど、いったんの目安として、「検索結果に表示される範囲内」ということで25～30文字くらいに抑えるように考えておけば大丈夫。あとは、なるべく前半に重要なキーワードを持ってくることかな？
ただし、あくまでも検索エンジンにも見た人にも伝わるならば、必ずしもこれに縛られる必要はない。タイトルとして記載が必要であれば、多少長くなったとしても、それはそれでいいんだよ。

つまり、ちゃんと内容を表す言葉が、パッと見てわかるように書いてあればいい。そういうこと？

基本的なイメージはそういうことでいいよ。まとめるとこんな感じ。

- **大事なキーワードを含めて、何のページなのかが具体的にわかるようにタイトルをつける。**
- **ページの内容と関係ないタイトルをつけない。**
- **異なる内容のページに、同じタイトルを複数つけない。**
- **文字数の目安は30文字以内と考える。**
- **重要なキーワードはなるべく前半に持ってくる。**

なるほどねー。

タイトルをしっかりつけることは、SEOで一番重要と言ってもいい。それなのに、世の中のWebサイトではこのあたりすらおろそかになっていることがとても多い。すごくもったいないことだよね。

そうなんだね。ということで、まずはタイトルをきちんと考えてつけましょう、ということは理解できましたー。

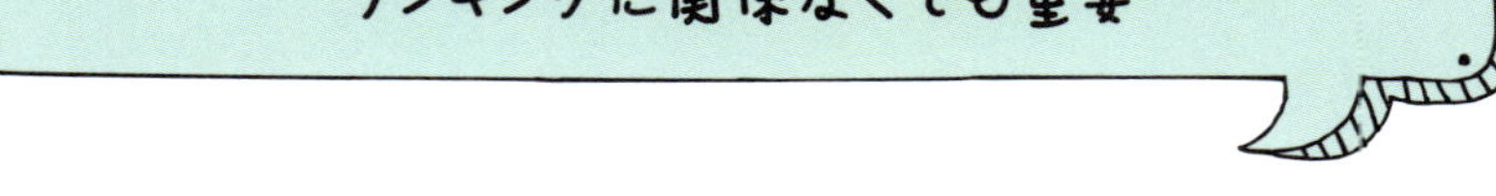

meta descriptionは ランキングに関係なくても重要

せっかくだから、あわせてmeta description（メタディスクリプション）についても見てみようか。これは、「このページは、こういう内容です」と表すための要素なんだ。

これも検索結果に表示されるものじゃなかったっけ？　タイトルとセットで。

そのとおり、概要文として表示されるものだね。実際にはこういう感じ。

ただ注意として、**必ずしもmeta descriptionとして設定した文言がここに現れるわけじゃない**んだ。検索キーワードとどれだけ合致しているか、記載された文字数が長すぎないかとか、いろいろ判断して、場合によっては別の文言が表示されたりもする。

▼ meta descriptionと別の文言が引っ張られている検索結果

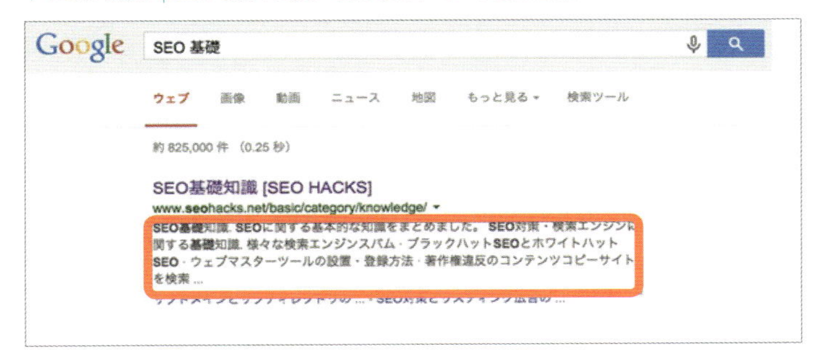

ふーん。ある程度は流動的なんだね。この部分って、やっぱりSEOにも重要なことなのかな？

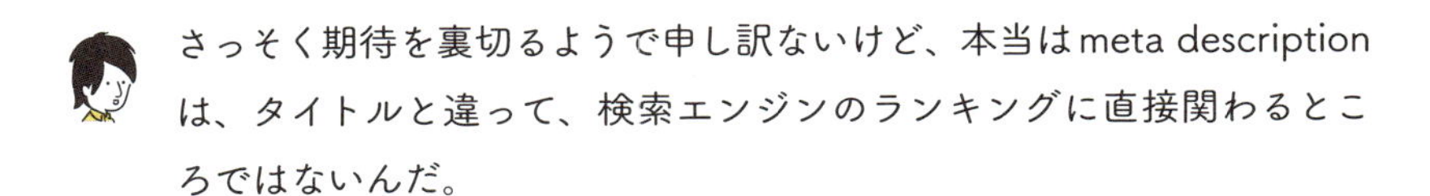

さっそく期待を裏切るようで申し訳ないけど、本当はmeta descriptionは、タイトルと違って、検索エンジンのランキングに直接関わるところではないんだ。

え、意味わかんない。じゃあ別に解説なんて要らないんじゃないの！？

まぁ、落ち着きなさい。**ランキングに直接影響することだけがSEOに大事なわけじゃない**んだよ。きちんと検索キーワードを想定した文言をここに用意しておけば、検索結果に表示させられる概要文をある程度コントロールできるわけ。それは「検索結果でクリックされるかどうか？」にも関わってくるから、ランキングに関係あるなしではなく、きちんとしておくのが理想だね。すずちゃんはさ、検索結果でクリックするページを決めるときに、何を考えて決めてる？

うーん、そんなにいちいち考えてないよ。自分の知りたいことが書いてありそうか、なんか違いそうか……っていうのをパパッと見て決めてるよ。

そう、**じっくり見ることなんてしないんだ**よね。だからこそ、表示されるタイトルや概要文に、打ち込んだキーワードと関連しそうな文言が表示されるのは大きなことなんだ。キーワードが含まれていると、こういう風に太字で表示されたりするよね？　こうやって整理された概要文って、「パパッと見る」ときにけっこう目にとまらない？

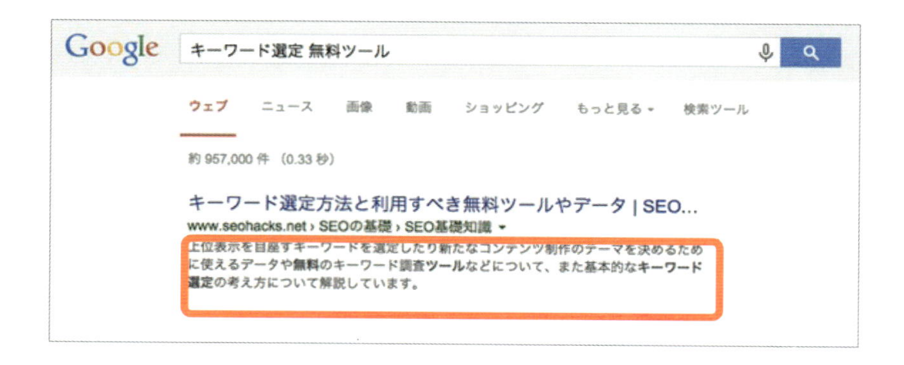

あー、たしかに、無意識のうちにクリックするかどうかの判断基準にしてるのかもしれない。そういう意味で、ちゃんと検索されそうなキーワードを含めた文言を設定しておくのが大事なんだね！

うん、あとは表示される文字量には限界があるから、あんまり長い文章では表示されないことが多くなってしまう。目安としては、**50～100文字くらい**としておいていいかな。もちろん、ものすごく多くの情報を扱うサイトだと1つ1つ丁寧に設定するのは現実的でなかったりするし、ある程度効率とか労力対効果を考えないといけないんだけどね。

うーん、なんか難しいね。どっちにしても「ちゃんと設定しよう」っていうことでいい？

そうだね、細かい事情を置いておいたとして、やっぱりできるのであればきちんと設定しておくことをおすすめするよ。ポイントはタイトルと同じような感じにまとめられるね。

- **大事なキーワードを含めて、何のページなのかが具体的にわかるように書く。**
- **ページの内容と関係ない文章を書かない。**
- **異なる内容のページに同じ文章を書かない。**
- **文字数の目安は50～100文字程度。**

なるほどなるほど。

タイトルと違って、ランキングに関わる部分ではないから、手を抜いて適当な文言を入れたり、全部のページに同じものを書いておくくらいであれば、逆に**「何も書かない」っていう選択肢もあり**だよ。

へー、そうなんだ。覚えておく！

タイトルとmeta descriptionの上手な書き方とは

じゃあ、ここでちょっと実践。さっきタイトルの書き方のポイントについての説明をブログにまとめるとして、どんなタイトルとmeta descriptionをつけようか？　想定するキーワードは、とりあえずは「SEO」と「タイトル」「書き方」みたいな言葉を入れてみよう。すずちゃん、さっそくだけど、ちょっと考えてみて。

なんていう無茶ぶり！　うーん、たとえばこんなのはどう？

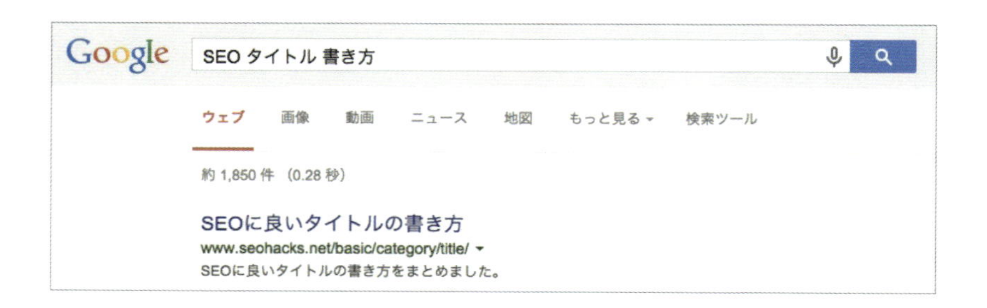

うーん、これは割とダメなやつだね……。

え、なんで？　っていうか、無茶ぶりしておいてそこまで言う！？　ちゃんと「タイトル」ってキーワードも入ってるし、文字数も考えたし、パッと見てわかる内容だと思うんだけど。

なんか、もうちょっと検索結果に表示された時に目に止まりそうな感じにできないかな？　たとえばだけど、こんな感じ。さっきとの違いはわかるかな？

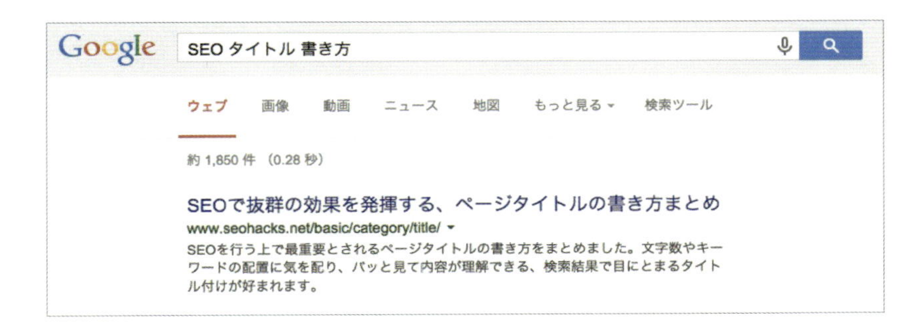

うっ……なるほど、そういうことね。単にキーワード入れて内容を表せばいいってわけじゃないんだね……。

そうだね。もちろん、大きなサイトですべてのページをこういう感じでつけることができるわけじゃないから、大きなサイトだと考えることは変わってくるんだけど。実践の観点から大事なことは2つ。**「ちゃんと狙った検索でヒットすること」「検索結果で目に留まること」**だよ。

大切なことは最初のほうに書こう

なるほどね、とりあえずは理解した！　あとほかにもいくつかポイントあったよね？？

うん、おさらいすると、次の6つうち、後半の4つだね。ここはまとめて説明しちゃおう。

・タイトルタグにキーワードを含める
・meta descriptionにキーワードを含める
・最初の見出しにはキーワードを含める
・ページ内のテキスト要素にキーワードを含め、なるべくページ上部に出現させる
・「見てほしい人が使いそうな言葉」をなるべく選んで使う
・自然な文章で表記し、不自然な繰り返し表現を用いない

うん、そっちのほうが助かるよー。

かんたんに言ってしまえば、「大切なことは、最初のほうに書こう」ということだね。それと合わせて、変にSEOを意識する必要はなくて、**「検索する人に読んでもらうための自然な文章を書いて、それを検索エンジンにより正しく認識してもらう」という順番で考えてほしい。**

そんなに難しいことじゃないね。

なんで最初のほうにまとめたほうがいいか？　っていうと、検索エンジンがページの情報を処理するときに、書かれている言葉を機械的に分析して内容を理解しようとするのは何となくイメージできるよね？

うん、それは何となくわかる。

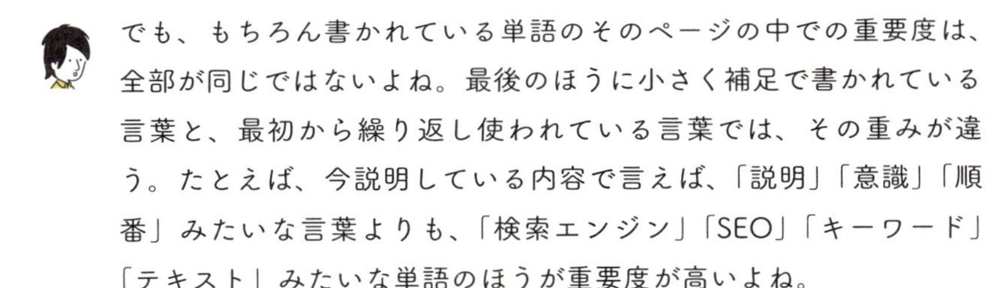

でも、もちろん書かれている単語のそのページの中での重要度は、全部が同じではないよね。最後のほうに小さく補足で書かれている言葉と、最初から繰り返し使われている言葉では、その重みが違う。たとえば、今説明している内容で言えば、「説明」「意識」「順番」みたいな言葉よりも、「検索エンジン」「SEO」「キーワード」「テキスト」みたいな単語のほうが重要度が高いよね。

たしかに。

そういう意味で、検索エンジンにその重要度を正しく（こちらの意図どおりに）理解してもらうために、重要なテーマとなる言葉はなるべく目立つところ、特にページの最初のほうに記述するのが有効だったりする。これはちょっとしたテクニックみたいなものかもしれないけど。

なるほど、理屈はよくわかったよ。そのうえで、「変にキーワードを意識しすぎないで、自然な文章として書きましょう」ってことだね。

そういうこと。「自然な文章」と言ってもちょっとザックリしてるけど、大事なことは「**ターゲットとする人が使いそうな言葉を使って自然に書く**」ってこと。みんながみんな、親切にこちらが意図し

たキーワードで検索をしてくれることはめずらしくて、こちらが想定していないような好き勝手な言葉を使って検索することのほうが多かったりするんだ。

そういえば、さっき検索からのアクセスはいろんな言葉で発生する事例を見せてもらったよね。そういう時に、「みんなが使いそうな言葉を使って書かれた自然な文章」は、必然的にヒットしやすくなるんだね。

そのとおり。これも、「何かのキーワードでランキングが上がる」とかそういう観点ではなくて、「**検索する人がサイトにたどりつきやすくしてあげる**ための考え方」として捉えておくといいね。
それじゃあ、ここまでの話のおさらいとして、事例を見てみようか。たとえばこのページ。

ウェブマスターツールとは

SEOで使われる用語「ウェブマスターツール」について解説しています。

ウェブマスターツールとは

ウェブマスターツールとは、Google が提供しているWebサイト管理者向けの無料ツールです。

外部からは気づきにくい自社のWebページの状態を素早く把握することができるため、例えばサイトが正しくクロールされていない、一部のコンテンツで頻繁にエラーが発生している、などの問題が生じた際に、すぐ対応することが出来ます。

また、昨今頻発しているGoogleペナルティの原因となる不自然なリンクを多く獲得していることへのアラートなども、ウェブマスターツール上でメッセージとして届きます。

このように、Google側からメッセージが送られてきたり、逆にサイト管理者側からGoogleにサイトに関する情報を提供するなど、検索エンジン側とコミュニケーションを取ることも出来ます。

http://www.seohacks.net/basic/terms/webmastertool/

ふんふん、なるほど。さっき言ってたようなことがちゃんとまとまってるね。

そうだね。これはテキストが主体のコンテンツだからわかりやすいんじゃないかな。「必ずしもこうしないといけない」ということではないけど、それでも何も考えないよりはやっぱり検索エンジンに認識されやすくはなってると思う。
たとえばネットショップとか、多くの人が日常的に使っているようなサイトでも、同じような工夫をしっかりやっているところがある。

▼ 石けん百貨

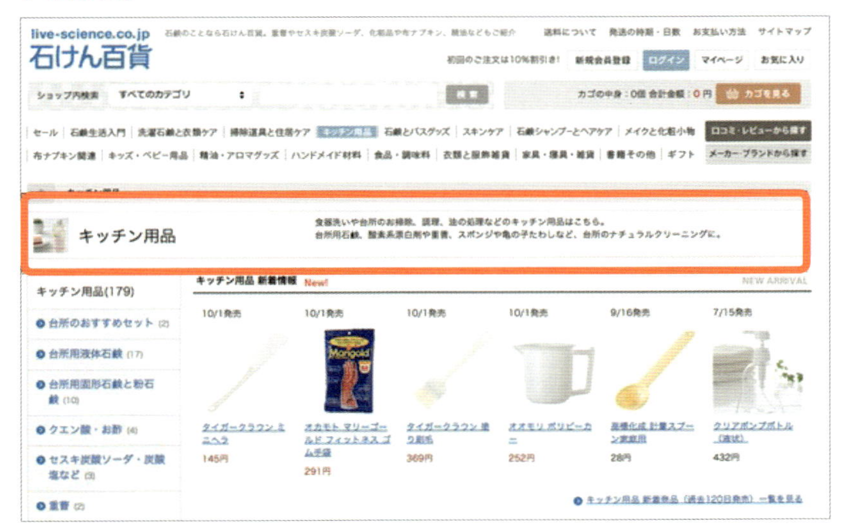

http://www.live-science.co.jp/store/php/shop/s_show_abc-3.html

明確なルールがあるわけじゃない

ここまでの流れから何となく答えは想像できるんだけど、「キーワードは何回使ったほうがいい」とか「文字数はどれくらい書いたほうがいい」とかは考えなくていいの？？

うん、想像どおり、何か明確なルールがあるわけじゃないよ。「女の子の髪型はポニーテールがベスト」みたいな決まりがないのと同じだと思ってて。

わかりやすいような、わかりにくいようなたとえを挟んできたね。

ただし、まったくキーワードが書かれていないとか、ものすごく情報量が乏しかったりすると、検索にヒットしづらくなることはまちがいないから、**ある程度は決まりを作ったほうがいい**ね。
たとえば、連載コラムをページに反映するルールとして、「キーワードはタイトルや見出し以外にも、ページの冒頭で1回（複数キーワードある場合は1回ずつ）は必ず使う」「その他でも、最低2回は必ず使う、文字数は最低1000文字以上は書く」とかね。これはどういうサイトのどういう情報を書くかによって事情も変わるだろうから、ここでは具体的な指定はしないけど、「SEOのルール」じゃなくて「どのページでもSEOの要件を必ず満たせるようにするためのルール」ととらえてくれればいいかな。

なるほどね。じゃあ、たとえばさっきネットショップの例があったけど、ポイントさえ押さえておけば、こんな感じで決めてもいいってことかな？
「商品カテゴリページでは、タイトルや最初の見出しにこういうキーワードを必ず含める。見出しに添える形でそのカテゴリの説明文を100文字以内で書いて、その中でもキーワードを1回は必ず使う。そのカテゴリの説明文はmeta descriptionにも使う」

すずちゃんいきなりどうしたの、完璧だよ。まさにそういうこと。

うん、ここまでの流れで相槌うってばっかりだったから、会話のバランスを整えるためにだね。

1つのページで主だったテーマは1つのみに絞る

そうか、優秀だね。あといい忘れていたけど、最後に大事なポイントを1つ。「**1つのページで主だったテーマは1つのみに絞ること**」。

あんまり欲張らない、ってこと？

そう、たとえば、Aという話題と、Bという話題と、Cという話題を1つの記事にまとめて書いてしまうと、検索エンジンがどれが主要なテーマだか認識しづらくなるよね。極端な話、「ルパン3世とアナ雪とドラえもんとコナンの映画を見てきた感想」って記事にす

るより、それぞれを見た感想を別々の記事としてまとめたほうがいい、ってことだね。何か特別にまとめて書きたかった理由がある場合はいいかもしれないけど。

うん、理解した。1ページに1テーマね。伝えたいテーマが異なる場合には分けて書きましょう、と。

そういうこと。じゃあ、最後にここまでの内容をきちんとまとめよう。

Point1　ページのタイトルはとにかく重要、検索結果の表示も意識する

SEOの最も重要な取り組みの1つに、ページのtitleタグの最適化があります。ランキングにも、検索結果での表示にも大きく関わる部分です。検索エンジンが内容を理解でき、検索結果で目に留まり、クリックしてもらえる――そんなタイトルを付けましょう。

Point2　ページの上部（冒頭）には重要なテキスト情報を集める

検索エンジンがページのテーマを正しく認識できるよう、titleタグやmeta descriptionだけではなく、冒頭の見出しや、ページの冒頭部の文章として必要なテキスト情報を記載しておくことをクセにしておくといいでしょう。「ランキングを操作することを目的に、キーワードを詰め込んだ文章を配置する」のではなく、「わかりやすい位置に、トピックに関連する言葉を記載しておくことで、さまざまな言葉で検索できる状態にする」という主旨の工夫です。

Point3　キーワードは「検索する人が使う言葉」に合わせる

「どういう言葉を使って書くべきですか？」という質問を多く受けますが、正解は「あなたが情報を届けたい人が普段使っていそうな言葉を選んで書く」ことです。

その道の専門家を相手にしている場合、専門用語をふんだんに使って書いたほうが、むしろ彼らにとっては読みやすく、検索に使われる言葉ともマッチしやすくなります。一方で、初級者向けに作られるのであれば、彼らは専門用語を理解できないばかりか、検索にそうした言葉を使うこともできませんね。つまり「ターゲットとしている人はどんな言葉を使うだろうか？」と想像しながら書けばいいのです。

Point4　テーマは1ページで1つ。何でもかんでも詰め込まない

「AとBとCとDとEについて書いた記事」よりも、「Aについて書いた記事」のほうが、「A」という話題で検索された時にヒットしやすくなります。1つの話題を表現する際に、多様な言葉を用いるのは問題ありませんが、テーマそれ自体を欲張らずに、1つのテーマが際立っているほうが「SEO上は」いいのです。

ただし、「コンテンツの見せ方として、AからEまで1つにまとめて表現することがいい」という場合なら、SEOよりもその事情を優先しましょう。

第 5 章

コンテンツを作ろう

優れた独自コンテンツを生み出す力がSEOの原動力

コムズカシイことがあんまり好きじゃなさそうなすずちゃんに朗報なんだけど、SEOで大事だと話した4つのことのうち、難しそうな専門的な知識が求められるのって、「②検索エンジンが正しく理解できるようにサイトを作ること」だけなんだ。ほかのことは、専門知識がなくてもやろうと思えばきちんとできることなんだよ。

えー、そうなの？　じゃあ、SEOなんてだれでもできるってことになっちゃうね。

それはさすがに言い過ぎかな。たとえば

・Aさん：SEOにはだれよりもくわしいけど、自社の商品や顧客については何も知らない

・Bさん：SEOには全然くわしくないけど、自社の商品や顧客についてはだれよりも知っている

っていう対照的な2人がいた場合、コツさえつかめばBさんのほうがSEOでいい成果が出せることも多いんだよ。もちろん理想は、どっちも知っている人がいるか、AさんBさんの2人がチームでSEOに取り組むか、なんだけど。

うーん、なんだかよくわからなくなってきたよ……。

検索エンジンのしくみを話しているとき、検索は「質問」で検索結果は「回答」だ、みたいな話をしたじゃない？

うん、それは覚えてるよ。

だから、検索エンジンとか技術とかにくわしいだけのAさんと、自社のサイトに訪れる人が何に困っているのか、どんなことに関心があるのかを何でも知ってるBさん、どっちが優れた回答を用意できる？　って考えてみて。

そっか、それなら、もちろんBさんだね。

そういうこと。Bさんは、検索する人が何を知りたいかを考えて、それをコンテンツとして作ることができるんだ。「**もし、自分たちのコンテンツがどこにでもありふれているような内容だったり、ほかよりも薄っぺらい内容だったとしたら、それって検索結果に表示される価値ってあるかな？」って考えるんだ**。

あ、そっか。ほかにもいろいろなサイトに掲載されてたり、ほかのサイトのほうが優れてるなら、ほかのサイトが表示されれば事足りちゃうんだね。

そうなんだよ。検索エンジンはそういうサイトを優先して上位に表示しようとはしない。わざわざそうする意味がないからね。

さっきから聞いていて思うんだけど、なんかSEOって意外にアナログなんだね。でも、考えてみればそうだよね。検索している人にとっては、そのサイトのSEOがうまいかどうかなんてどうでもいいし。検索したときに欲しかった情報が手に入るかどうか、それだけだもん。

そうだね。だから、SEOを考えるときは、必ずその視点で物事を考えないといけない。SEOを「**検索エンジンで上位表示する」ための技術ではなくて「みんなが検索を通じて知りたい情報を見つけられるようにする」ための技術と考える**んだ。

検索する人がサイトを訪れるのは1回限りではない

よく考えると、“コンテンツ”ってひと口にいってもさまざまだよね。商品を紹介しているコンテンツもあれば、ブログのようなものもあるし、キャンペーンみたいな内容のものもあるし。

そうだね。だから、まずは企業サイトにおいては「ターゲットとする人の行動プロセス」をしっかりイメージすることがとても大事だよ。

また難しいこと言ってるね。

そんなに難しいことは言ってないよ。よく、商用サイトで「検索する人がサイトを訪れるのは１回限り。その場で検討して、何かしらの購買行動をとるか、そうでなければサイトから離脱する」みたいな前提でプロモーションを考えている人がいるんだけど、これはまちがい。何がまちがっているか、わかる？

うーん、まずサイトを訪れるのって１回じゃないよね。何回も見ることだっていっぱいあるし、日常的にチェックしているサイトだってたくさんあるもん。

あと、**何かのサイトを見つけた時、その場で何かアクションをするなんてことはほとんどない**よ。普段から何かアクションしようと思ってるわけじゃないし、何か買いたいものがあったときだって、何サイトも見たりするもん。その結果、ネットでは何も買わないで、実際にお店に行って手にとって見て買うことだってあるし。

そのとおり。だから、そういう前提でSEOも考えないといけない。SEOにおいては、「ターゲットとする人が自社の商品を買って利用していく間に、どんなきっかけで興味を持って、どんなことを知りたいと思って、何に悩んで、何を決め手に商品を買うか、買った商品を使用するときに知りたいことはないのか。それらそれぞれのシチュエーションにおいて、どのような検索として表れるか」みたいな感じかな。それをもとに、必要なコンテンツを用意していくんだ。

やばい、やっぱり難しいよ、土居さん……。

「自分が言いたいこと」じゃなくて「みんなが知りたいこと」を書く

うーん。じゃあ身近な例で考えよう。今のすずちゃんは「仕事で急にWebを任されることになったけど、SEOのことなんて何もわからなくて、情報収集をしたい」というようなシチュエーションだよね。今回はたまたま俺が知りあいだったけど、もしゼロから何とかしないといけない、って状況だったら、どうしてたかな？

え一、どうだろ……。でも、何にもわからないから、とりあえず「SEO」って検索しただろうな。「SEO って何？　どうしたらいいの？」とかを知りたくて。
それで何となく理解したら、どういう会社にお願いするんだろうとか、そもそもどこかにお願いすると何をしてもらえるんだろうとか調べるかな……。あとは、自分たちでできる方法はないのか、とか。

うんうん、なるほどね。そういうのもあるよね。**その人が置かれているシチュエーションや、その人がその情報についてどれくらい知っているのかによっても、そういう行動プロセスって変化する**し、検索のタイミングや、検索して探す情報、検索キーワードなんかも変わってくるよね。

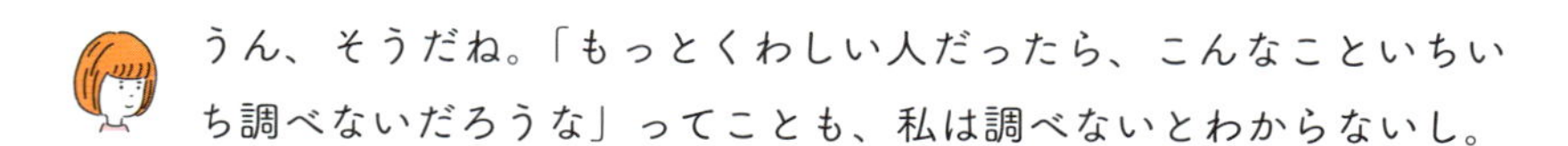

うん、そうだね。「もっとくわしい人だったら、こんなことといちいち調べないだろうな」ってことも、私は調べないとわからないし。

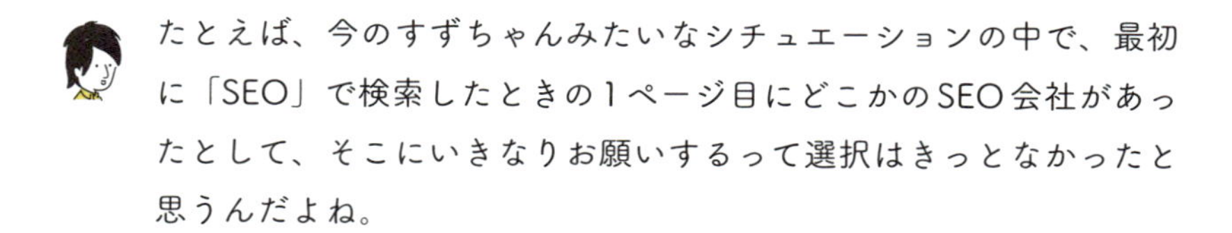

たとえば、今のすずちゃんみたいなシチュエーションの中で、最初に「SEO」で検索したときの１ページ目にどこかのSEO会社があったとして、そこにいきなりお願いするって選択はきっとなかったと思うんだよね。

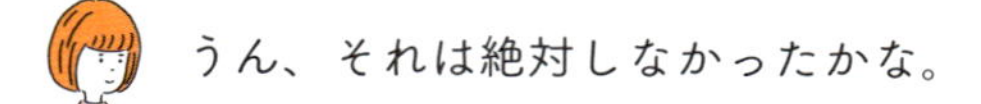

うん、それは絶対しなかったかな。

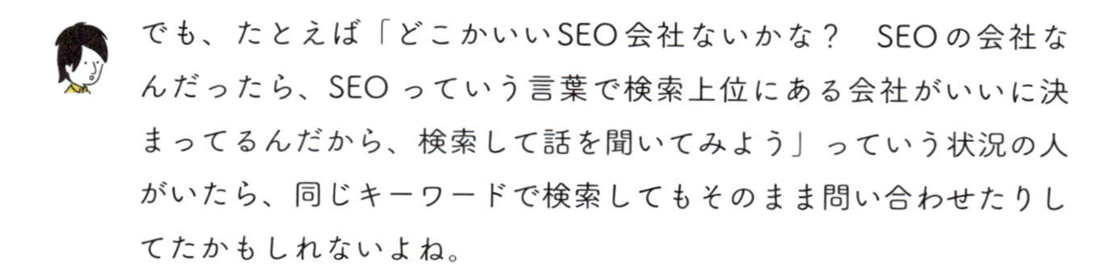

でも、たとえば「どこかいいSEO会社ないかな？　SEOの会社なんだったら、SEO っていう言葉で検索上位にある会社がいいに決まってるんだから、検索して話を聞いてみよう」っていう状況の人がいたら、同じキーワードで検索してもそのまま問い合わせたりしてたかもしれないよね。

それはたしかにそうだね。

多くの企業サイトでは、こういうことがほとんど考えられていない。「自分たちの商品はどういうものだ」とか「自社の商品の強みはこういうとこだ」とか、**自社の商品を売るためのサイトになっちゃったりしてる**。もちろん、その商品に興味を持っている人にとっては有益な情報かもしれないけど、そうでない大多数の人には関係ないコンテンツとも言えるよね。

たしかにそうだね……。

これも、結局はサイトを「商品を売るための道具」として考えてしまっていることが原因にある。そういうサイトが悪いってことではなくて、情報が売り手目線の一方的なものに偏りがちで、大多数の人が繰り返し訪れたいサイトになることは難しいっていうことだね。

「ターゲットとする人が困っていそうなことを解決する」とか、「その商品に興味を持つきっかけを与える」とか、そういうところに目が向いていないってことだもんね。

そうだね。だから、みんなが何か検索したとしても、検索結果にヒットさせられる情報に限界が出てきてしまう。みんなが知りたい情報を掲載されていないサイトだと、どうやったって、検索した人に見てもらうのは難しいんだよね。

「みんなが知りたいこと」じゃなくて、「自分が言いたいこと」しか書いてないから、っていうことだよね。

そのとおり。だから、ターゲットとする人のもっと具体的なイメージが重要なんだ。彼らの置かれている状況とか、起こすであろう行動とか、知識レベルとか、情報を探しているときの心理状態とか。そして、それぞれで使われる検索キーワードを想定して、検索ボリュームを調べたり、関連語を調べたりしつつ、彼らが必要としているであろう情報を用意する。そして、さっき説明したようなキーワードの工夫をすることで、より検索結果に表示されやすい状態にする。
これが、SEOにおける「コンテンツの作り方」の基本だよ。

「いいコンテンツ」に必要なこととは

よくわかったよ。でも、そう考えたら、コンテンツなんていくらあっても足りない気がするな。みんなそれぞれ違うシチュエーションで、それぞれ違う悩みを持ってる人がたくさんいるだろうし……。

そのとおり。そして、だからこそ、SEOは大きな効果を発揮できるんだ。さまざまな悩みとかニーズを持っている人がいて、その分さまざまな情報を求めて、いろんな検索が行われている。そうした**悩みやニーズを解決できる情報をたくさん用意して、上手に検索結果に表示させることができれば、より多くの人と多くの接点を持つことができる**よね？

うん、何となく理解できた。

だからコンテンツは重要なんだ。「どんな情報を、だれのために用意しておくのか？」という点でもそうだし、もちろんその中身にもこだわらないといけない。

「中身」っていうのは？

適当なことを言ってるだけのページだとだれの悩みも解決できないし、まちがった情報を与えたりしても検索した人のためにはならないよね。結果的に、そういうサイトは検索する人から好印象を持たれたり信頼されたりすることは難しい。
でも、「**自分にとってとても役に立つ情報が書いてあった**」「**知らなかったことを教えてくれた**」「**行動のヒントになるようなことを示してくれた**」「**自分の意思決定を後押ししてくれた**」みたいなコンテンツがあった時って、何かしらいい印象を持ったり、そのサイトや運営している会社を信頼したり、好きになったり、だれかに紹介してあげたくなったり、自分が利用したくなったり、またサイトを訪れたいと思ったりしない？

それ、すごくわかる。特に私って、おもしろいものとか役に立ちそうなものをネットで見つけたりとかしたら、すぐFacebookでシェアしたりとか、友達に教えてあげたりとかしたくなるもん。会社でも「これみんなも見たほうがいいよ～」とかよくやってるし。

その「そういう気持ちになった」ということをどれだけビジネスにつなげられるかはその先の課題になるんだけど、少なくとも「広告を使って人を集めて、買ってもらって」というのとはちょっと違っ

たアプローチができると思わない？

そうだね。そもそも、「ターゲットとする人にサイトを訪れてもらう」ということができなかったら、その先には進まないもんね。

そうだね。ここまでは企業がプロモーションすることを前提に話してきたけど、たとえばニュースメディアなんかは商品を売ってるわけじゃなくて、有益な情報を掲載して多くの人に届けることそれ自体がサイトの目標になっていたりもするからね。例によって、サイトによっては考え方は少し異なる場合もあるってこと。

でもさ、何かあんまり技術的な話がなくて逆に不安なんだけど、それ以外に考えることはないの？

たくさんあるよ。ありすぎて、とてもこの本1冊では語りつくせないけど。でも、最低限知っておいてほしいことは「**コンテンツは量よりも品質を重視。骨太、筋肉質なサイトにする**」ってこと。SEOを考えるうえではもちろん、サイトを運営していくならどんな場面でも考えなければならないことだね。

うーん、よくわかりません……。

コンテンツの品質については、Googleが「良質なサイトはどんなサイトか？」を要素として具体的に提示してくれているので、まずはそれを見てみようか。

・あなたはこの記事に書かれている情報を信頼するか？
・この記事は専門家またはトピックについて熟知している人物が書いたものか？ それとも素人によるものか？
・サイト内に同一または類似のトピックについて、キーワードがわずかに異なるだけの類似の記事や完全に重複する記事が存在しないか？
・あなたはこのサイトにクレジット カード情報を安心して提供できるか？
・この記事にスペルミス、文法ミス、事実に関する誤りはないか？
・このサイトで取り扱われているトピックは、ユーザーの興味に基いて選択されたものか？それとも検索エンジンのランキング上位表示を目的として選択されたものか？
・この記事は独自のコンテンツや情報、レポート、研究、分析などを提供しているか？
・同じ検索結果で表示される他のページと比較して、はっきりした価値を持っているか？
・コンテンツはきちんと品質管理されているか？
・この記事は物事の両面をとらえているか？
・このサイトは、そのトピックに関して第一人者（オーソリティ）として認識されているか？
・次のような理由で個々のページやサイトに対してしっかりと手がかけられていない状態ではないか？
　→コンテンツが外注などにより量産されている
　→多くのサイトにコンテンツが分散されている
・記事はしっかりと編集されているか？ それとも急いで雑に作成されたものではないか？
・健康についての検索に関し、あなたはこのサイトの情報を信頼できるか？
・サイトの名前を聞いたときに、信頼できるソースだと認識できるか？

- 記事が取り上げているトピックについて、しっかりと全体像がわかる説明がなされているか？
- 記事が、あたりまえのことだけでなく、洞察に富んだ分析や興味深い情報を含んでいるか？
- ブックマークしたり、友人と共有したり、友人にすすめたくなるようなページか？
- 記事のメインコンテンツを邪魔するほど、過剰な量の広告がないか？
- 記事が雑誌、百科事典、書籍で読めるようなクオリティか？
- 記事が短い、内容が薄い、または役立つ具体的な内容がない、といったものではないか？
- ページの細部まで十分な配慮と注意が払われているか？
- このサイトのページを見たユーザーが不満を言うか？

※「Google ウェブマスター向け公式ブログ：良質なサイトを作るためのアドバイス」より
http://googlewebmastercentral-ja.blogspot.jp/2012/09/more-guidance-on-building-high-quality.html

うーん、なんだかとってもあいまいな印象を受けました。

“コンテンツの品質”なんていうものを機械的に（定量的に）定義することはとても難しいからね。ただ、言っていることを咀嚼してみると、そんなに難しいことは言っていないね。

そうなんだ。ちょっとちゃんと読んでみるね。……えーと、ざっくりだけど、こんな感じかなぁ……。

・サイトが信頼できるサイトかどうか？
・コンテンツを作っている人はそのジャンルにくわしい人なのか？
・コンテンツが検索する人のためにしっかり考えて作りこまれたものか？
・このサイトにしか掲載されていない情報を作っているか？
・情報が少なくないか、薄っぺらくないか、役立つかどうか？
・「友達に教えてあげたい」とか「共有したい」とか思ってもらえるか？
・広告がコンテンツの邪魔になっていないか？

まぁ、細かく言えばもっとあるんだろうけど、そんな認識でOKだよ。たとえば、「コンテンツをたくさん作らなきゃ」とかいう理由で、どこのだれかもわからないような外部ライターに安く記事を発注して、何百とか何千とかのコンテンツを量産して、何のチェックもなくサイトに掲載しているような人たちもいるけど、それはSEOにとって何のプラスにもならない、逆にマイナスにつながるかもしれないと思っていいんだ。何でそれがプラスにならないか、さっきの要素をふまえればわかるよね？

うん、まずそれって**「コンテンツがあったほうがいいからコンテンツを作る」っていう考え方で、「検索する人のために情報を掲載しておく」っていう価値観じゃない**よね。ライターさんがそのジャンルにくわしいとは限らないし、そういうことする人が細かい内容のチェックとかもしてると思えないし、まちがった内容があったり、素人レベルの内容しか書かれてないわけでしょ。そんなのを検索結果で優遇しても、それに満足するような人ってきっといない、って考えれば「品質が悪いよ」って評価されちゃうんじゃないかな。

品質の低いコンテンツばかりのサイトはどんどん検索結果に出にくくなっている

そのとおりだね。でも、少し前までは、そんな感じのコンテンツを量産しているようなサイトでも、「サイト内に情報量が多い」って理由で検索結果の上位に表示されていたりもしたんだ。

そうなんだ。今は？

今では、そういう品質の低いコンテンツばかりのサイトを検索結果に出にくくするようなしくみができてきてるから、昔のようにはいかなくなっている。低品質なコンテンツが表示されにくくする代表的なしくみで「パンダ」っていう名前が付けられたアルゴリズムがあるんだよね。「パンダアップデート」とか「パンダアルゴリズム」とかって呼ばれてる。2011年で英語圏で導入されて、2012年に1年遅れで日本にも導入されたんだ。

あ、何かそれ聞いたことある。意味はわかってなかったけど。ちなみに、なんで英語圏と日本でそんなにタイムラグがあったの？

本当のところはわからないけど、コンテンツの評価みたいに「言語」に関わるしくみは、全世界共通で実現できない場合もあるんだろうね。パンダのときも、日本と同じタイミングで中国語圏と韓国にも導入された。この３ヶ国語への導入が一番最後だったことを考えると、漢字みたいにアルファベットよりも数が多い文字を主体とする言語の扱いは特に難しいんだろうね。

ふーん。なんか別に知らなくてよかったかもね。

うん、そんな細かいこと知らなくていいよ。Googleも自然言語処理の面ではまだまだ課題もあるし、どんどん新しいしくみを取り入れてるから、今後はもっと改善していくと思っておいて。
ということで、話はそれたけど、品質のことに戻るよ。もうね、ポイントとしてはそんなに理解すべきことは多くない。

- **ほかのサイトにない情報、ほかのサイトよりも優れた情報を作る。**
- **量よりも質を重視、"薄・広・浅"ではなく"濃・狭・深"。**
- **検索エンジン視点ではなく、検索する人の視点・マーケティング視点で作る。**

こういうことを感覚としていつも意識しておくと、検索には強くなれやすい。あとは実践あるのみかな。

私は、「贅肉をそぎ落として、骨太、筋肉質なサイトを作るといい」みたいなイメージだなって思ったよ。

うん、イメージとしてはそんな感じでいいよ。

多くのサイトにリンクしてもらおう

ここまでは「質の高いコンテンツを作りましょう」という話をしてきたわけだけど、もちろんそれは検索する人に見てもらわなければ何の価値もないことは理解できるよね。

そうだね。でも、「せっかくがんばって作ったコンテンツが全然見られない」っていう場合には、どうやって見てくれる人を増やしたらいいのかな？

いろんな選択肢があるよ。

- **そのジャンルで影響力の強い人に紹介してもらうように工夫する。**
- **そのジャンルで多くの人を集めているメディアサイトで紹介してもらう。**
- **別ですでに人を集めているサイトを自社で保有しているなら、そちらで紹介する。**
- **自社の持っているTwitterアカウントやFacebookアカウントで告知してみる。**

とかとか。たとえばFacebookやTwitterも、結局は「そこにいる人たちに情報を紹介する」っていうことでしかないから、きちんと多くの人に影響力を持っているようなアカウントを持っていないとあんまり効果はないんだけど、積極的に挑戦してほしいな。ここまでいくとSEOの話からどんどん外れていきそうだから、ここまでにしておくけど。

要は「多くの人に見てもらえるところでコンテンツを紹介してもらったり、告知したりする」っていうことだね。よく考えたら当たり前だよね……。

そう、ひと言で言えば「多くの人に情報を届ける」ってだけだからね。Web上でそのコンテンツやサイトに言及してくれる人やサイトが増えれば増えるほど、見てもらえる機会も増える。

見てもらえる機会が増えると、SEOにとってプラスになるの？

直接的にはそういうことではないけど、ここで知っておいてほしいのは、「**いろんなサイトからリンクが集まっているサイトはSEOが強くなる**」ってことなんだ。「リンクが集まると何でいいの？」かは次にくわしく説明するから、ここでは「コンテンツにリンクを集めるためにはどうしたらいいのか？」に絞って説明していくね。

うーん、リンクを集める、かぁ。なんか難しそうだね。

うん、狙ったとおりにリンクを集められるまでにはそれなりに経験がないと難しいかもね。でも、普段すずちゃんがインターネットでいろいろなサイトを見ていると、当たり前に外部サイトへのリンクって存在してると思わない？？

それはそうだと思う。

そう、めずらしいことでも難しいことでもないよ。ちゃんと、リンクされる理由が存在していればいい。なにもみんなは無作為にリンクしてるわけじゃなくて、何か理由があるからリンクするわけだよね。

そうだね。でも、「何でリンクしたの？」って、言語化しようとすると難しいけど。

もちろん、それも人によってさまざま。理屈で考えるとまた難しくなってしまうから、「世の中ではどういうリンクが発生しているんだろう？」って考えれば、パターンが見えてくるよ。

参考URLとしてリンクされる。

まとめサイトに掲載される。

紙面版

電脳会議

DENNOUKAIGI

一切無料

今が旬の情報を満載してお送りします！

『電脳会議』は、年6回の不定期刊行情報誌です。A4判・16頁オールカラーで、弊社発行の新刊・近刊書籍・雑誌を紹介しています。この『電脳会議』の特徴は、単なる本の紹介だけでなく、著者と編集者が協力し、その本の重点や狙いをわかりやすく説明していることです。現在200号に迫っている、出版界で評判の情報誌です。

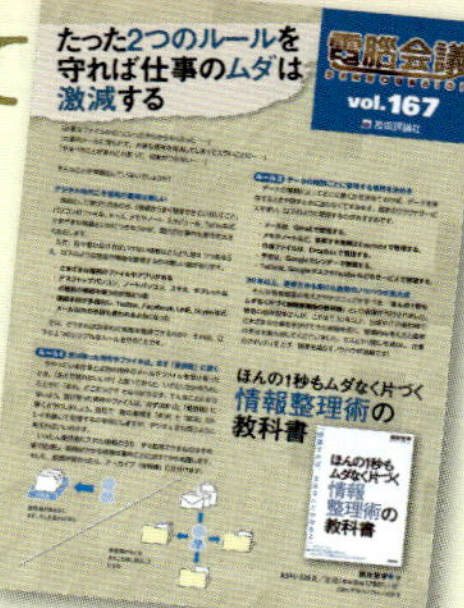

毎号、厳選ブックガイドもついてくる!!

『電脳会議』とは別に、1テーマごとにセレクトした優良図書を紹介するブックカタログ（A4判・4頁オールカラー）が2点同封されます。

Twitterなどのソーシャルメディアで紹介される。

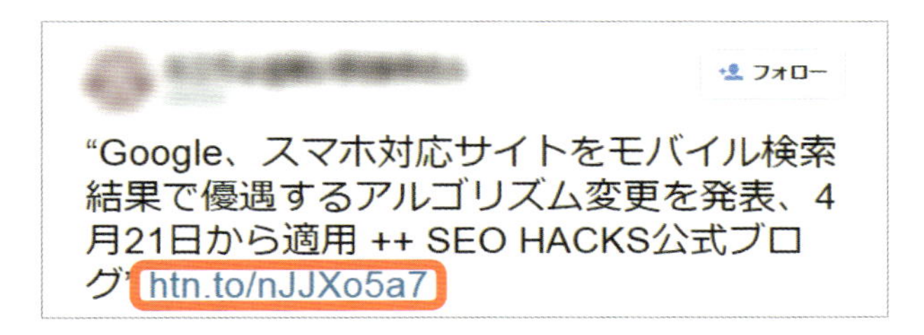

コンテンツを紹介した記事が逆に紹介される。

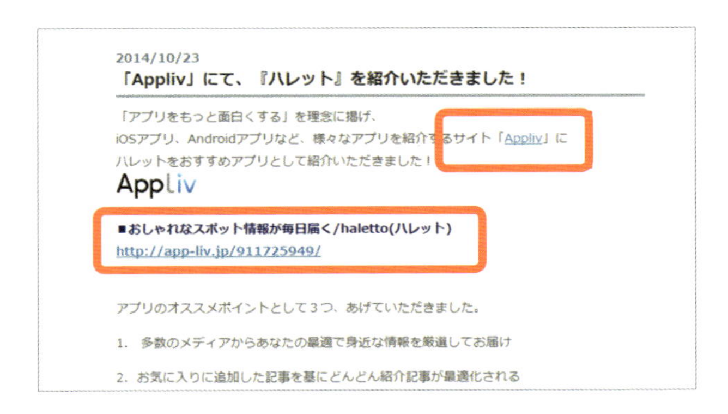

他サイトに記事を提供してリンクを得る。

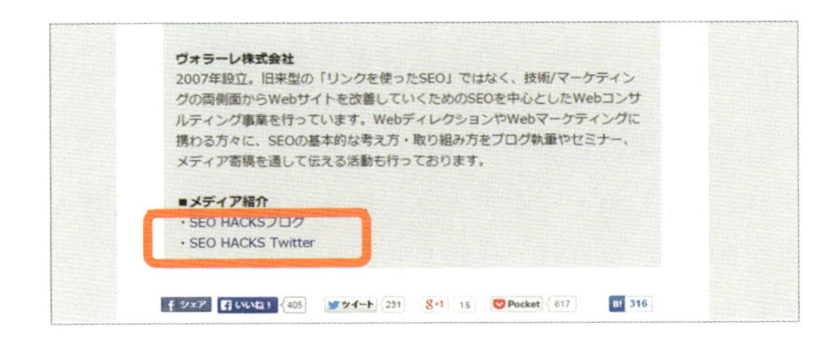

CHAPTER 1
CHAPTER 2
CHAPTER 3
CHAPTER 4
CHAPTER 5
CHAPTER 6
CHAPTER 7

プレスリリースに掲載される。

MarkeZineニュース

ヴォラーレ、SEOセミナー「広告を使わず一年で1000万PVのメディアを作る方法」開催

SEO/SEM

MarkeZine編集部[著] 2013/11/28 12:00

ヴォラーレは、有料セミナー「広告を一切使わずに1年で1000万PVのメディアを作る方法」を開催する。

ヴォラーレは自社の「SEOノウハウ」で、1年で1000万PVのメディアに成長させたサイト「Appliv」を例に、2014年に向けたSEOの進め方を公開。中規模以上のサイトをSEOする上で必要となる、「サイト設計の考え方」「サイト運営体制の構築」「適切な成果指標を決める」「外部リンクに頼らない方法」「サイトの情報量を増す手段」　などについて解説する。

有料セミナー「Web担当者のためのSEOノウハウセミナー　広告を一切使わずに1年で1000万PVのメディアを作る方法」
開催日時：2013年12月11日（水）16時～20時（開場：15時30分）
会場：TKP渋谷カンファレンスセンター
定員：40名（先着順）
受講料：25,000円
申込締切：2013年12月10日（火）18:00まで
セミナー詳細＆申込みはこちらから。

なるほど、そう言われてみたらそんな感じだね。

うん、例に挙げたようなもの以外にも、リンクされるようなパターンはいろいろあるよ。でも、ざっくりまとめれば、ポイントはこれだけ。

- **リンクしてもらえる理由を持ったコンテンツを作る。**
- **リンクしてくれそうな人にコンテンツをちゃんと届ける。**

この2つをおさえれば、自然とリンクは増えていく。しっかり意識しておきたいね。

プラスの循環にたどりつくまであきらめない

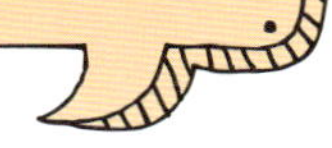

たしかに、いいコンテンツがあっても、だれも見てくれてなかったらリンクされようがないもんね……。
でもそしたら、たとえばすでに流行ってるサイトとか、検索結果でたくさん露出できてるサイトに、余計にリンクが集まっちゃうってことじゃない？

そのとおり。そこまで行くと、どんどん正のスパイラルが発生する。
①いいコンテンツを作る。
②多くの人に見てもらえて、一定のリンクを獲得できる。
③リンクを通じて、さらに見てもらえる機会が増え、SEOにも強くなって、検索での露出が増える。
④さらにリンクが増えて……（以下スパイラル）。
こういうことだね。

コンテンツマーケティングの正のスパイラル

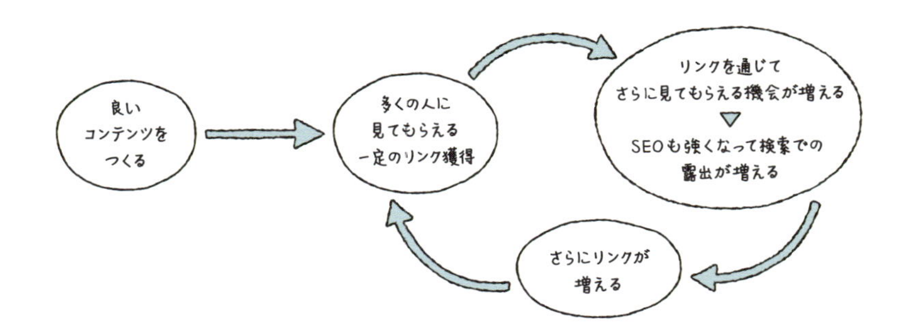

そっか、リンクって、別に検索エンジンとかSEOのためのものじゃなくて、「このリンク先のページにジャンプできますよ」っていうことだもんね。「たくさんのサイトからリンクしてもらえれば、それだけで見てもらえる機会が増える」って考えると、たしかにリンクされるのはとても大事なことだね。

そう、本来はリンクってそういうもの。それが、検索エンジンの評価材料としても使われているわけだから、リンクをもらって損することなんて何もないよね。

なるほど、ちょっとずつわかってきたよ。でも逆に言えば、作ったばかりのまだ無名なサイトはSEOにはすごく不利ってことだね。見てくれる人も少ないし、もちろんリンクだって少ないもん……。

そのとおり。だから継続的な積み重ねが大事だし、時には予算を投じてプロモーションすることだって必要。「コンテンツを作って、放っておいたら勝手にリンクが集まって、検索にガンガンヒットする」なんてかんたんなものではないんだよ。せっかく作ったサイトを見てもらうための努力、見てもらった人にリンクを集めるための工夫……そういうことを積み重ねていくと、次第にプラスの循環が生まれ始めてくるんだ。

SEOって、地道な努力なんだねぇ……。

そう。ほとんどの企業は、それをする前に諦めてしまう。それで「SEOは難しい」とか「うまくいかない」とか「効果が見合わない」とか判断してしまう。逆に、そうした**プラスの循環に到達した企業は長期的に考えればどんどん有利になっていく**んだ。

「やったもん勝ち」みたいに聞こえるね。

そのとおりだよ。もちろん、コツとかテクニックみたいなものはあるけど。だから、**作ったコンテンツとか、集めたリンクとかは、「自社のインターネット上の資産」として考える**といいよ。資産を蓄積していけばいくほど、検索にも強くなるってことだね。

それにはみんなが言及してくれるようなコンテンツがあるのが前提ってことだよね。

そのとおり。じゃあ、けっこう長くなっちゃったけど、ここまでのポイントをまとめよう。

Point1　優れた独自コンテンツを生み出す力がSEOの原動力

SEOの最大の武器は、「ここにしかない、良質なコンテンツ」です。いくら技術的に上手な最適化を行ったとしても、良質なコンテンツを生み出せないのであれば、SEOはうまくいきません。なぜかと言えば、検索をした人にとって「そのサイトのSEOの技術が高いか低いか？」はどうでもよく、「自分にとって役に立つ情報が訪れたサイトに存在しているかどうか？」のほうがよほど重要だからです。ですので、検索エンジンは、検索する人にとって役に立つ情報を検索結果で優遇しようとがんばっているのです。

Point2　コンテンツは量よりも質。筋肉質で骨太なサイトを作る

かつては、それなりの運用実績のあるサイトに掲載されれば、だれが書いたかわからないような質の低いコンテンツであっても、検索結果で優遇されていました。しかし、文中で紹介した「パンダ」のようなアルゴリズムの実装により、独自の付加価値を持つ良質なコンテンツが優遇されやすくなり、品質の低いコンテンツは検索結果に出にくくなっています。たくさん作るのではなく、「筋肉質で骨太なコンテンツを作り、サイト全体のコンテンツを厚くしていく」ことを常に心がけましょう。

Point3　検索エンジンではなく、検索する人のためにコンテンツを作る

そもそもSEOとは、検索する人の存在が第一にあり、彼らが検索して探そうとしている情報がサイトに掲載されていて初めて成立し得るものです。いくら上手に検索エンジンに最適化されていても、検索

する人が関心を抱かないようなコンテンツを届けても何も起こりませんよね。あくまでも「検索する人に情報を届ける」という視座の下でコンテンツを用意し、それがより効率よく流通させられるように最適化を行う、という順番で考えましょう。

Point4　コンテンツを作って満足せず、検索する人にしっかり届ける

良質なコンテンツは、Web上に存在しているだけでは価値になりません。しっかりと然るべき人に届け、マーケティングに活用しなければなりません。次章で解説する「サイトにリンクを集める」という取り組みにおいても、良質なコンテンツを作ること、それが検索する人に届くように発信していくこと、その両輪の努力が必要になることを解説しています。

第6章

リンクを集めよう

「多くの人から"いい"と言われてる」だけじゃなくて「だれから"いい"と言われてるか」も大事

いよいよ、SEOの4つのポイントの最後だね。リンクを集めることはSEOにとっては「めっっちゃくちゃ重要」な要素だと思っていい。大事なことだから繰り返すけど、「めっっちゃくちゃ重要」だからね。

なんか、めずらしくやたら強調するね。最初は「価値あるコンテンツが～」とか言ってたのに。

もちろん、それは大前提。でも、「リンクなくしてSEOを行うのははほぼ不可能」ってくらい、リンクされることを大事に考えてほしいんだ。**「キーワードを考える×価値あるコンテンツを作る×たくさんのリンクを集める＝SEOの成功」**って言ってもいいくらい。
実際に、細かい技術的なことがある程度不十分だったり、適切な作り方がされてなかったりしても、この3つの要素さえそろっていればだいたいうまくいったりする。
さて、ここですずちゃんに質問。リンクを集めることが、何でSEOにとって意味があると思う？

うーん……。「リンクをたくさん集めているのは、人気のあるサイトだっていう証だから」みたいな感じ？　人気投票みたいな。

そんなイメージでいいよ。たとえば、大学の卒業論文を書いたりするときにさ、有名な研究結果とか有用なデータとかには必ず参照元

を記載するでしょ？

うん、それは何か理解できた。でも、土居さん卒論とか書いてないじゃん。

そんなことはどうでもいいでしょ。多くの学術的な論文に参照されている元の論文とかデータとかって、それだけそのジャンルにおいて役に立つ重要な情報と言える、というのはわかるよね。インターネットの世界でも同じように、本当に有用な情報にはその分たくさんリンクが集まるよね、って考えるわけ。

なるほど、言われてみたらそうかもね。

もっと言えば「たくさん参照されている論文の中に参照されている論文」はさらに重要とも言えるよね。かんたんなイメージだと「スゴい人がスゴいって言ってる人は、やっぱりスゴい」みたいな。

うんうん、「多くの人から“いい”って言われてる」だけじゃなくて、「だれから“いい”って言われてるか」も大事だってことだね。

そのとおり。「その人がどういう人物なんだろう？」って考える時も、自然とそういう考え方をしていることがあったりするよね。「この人がスゴいって言ってるんだから、この人もやっぱりスゴい人なのかな」みたいな。
こういう考え方で作られたしくみが、Googleの「PageRank（ページランク）」というものなんだ。Googleが優れた検索エンジンとして普及してきたのは、このリンクに基づくページの評価を洗練できた点にある、と言っても過言ではないよ。

2014年時点では、Googleが「リンクをランキングの評価に使わなかったら検索結果はどうなるか？というテストをGoogleが行ったけど、“リンク評価なし”の検索結果は使い物にならないものだった」みたいなことを発表してたりもしたくらい、検索結果を決める重要な役割になっているんだ※。

※Is there a version of Google that excludes backlinks as a ranking factor？ - YouTube
http://www.youtube.com/watch？v＝NCY30WhI2og

へ～、そうなんだ。じゃあ、結局いいコンテンツを作ったとしても、リンクをきちんと集めることができなければ、検索結果で勝っていくのはなかなか難しいってことね。

そのとおり。かんたんにまとめてみよう。

- コンテンツを作ってどういうキーワードを入れるかは、「これはどんな情報なのか」というもの。
- コンテンツにリンクが集まっているかどうかは、「この情報をみんなはどう思っているのか」というもの。

どちらも、情報の価値を評価するうえでは大切な要素だよね。

なるほど～、リンクっていうのは「第三者評価」っていうイメージなんだね。**だれもリンクしてくれないようなサイトよりも、みんなが積極的に紹介してくれるようなサイトのほうが価値が高い**ってことだね。

PageRankについてはそういう考え方をしておければいいね。

有益なリンクグラフを形成できるように、継続的に情報発信する

もう1つ、今の「人気投票」とは少し違った角度からとらえて、「リンクグラフ」をイメージしてみよう。

また難しい言葉使った。なにそれ？

もちろん、こんな言葉は覚えなくていいよ、実務で使うこともほとんどないしね。似たような言葉で「ソーシャルグラフ」っていうのがあって、こっちのほうがイメージしやすいかな。「Web上の人のつながりを表した図」って言えば、イメージがつく？　マンガとかの最初に、人物相関図が出てることがあるよね。あれをインターネットの世界全体に広げたようなもの。

あー、それならイメージできるかな。「この人とこの人がつながってる」「この辺はグループで固まってる」「この人はこの人のことを好き」みたいな。

そうそう、そんな感じ。

ソーシャルグラフとリンクグラフ

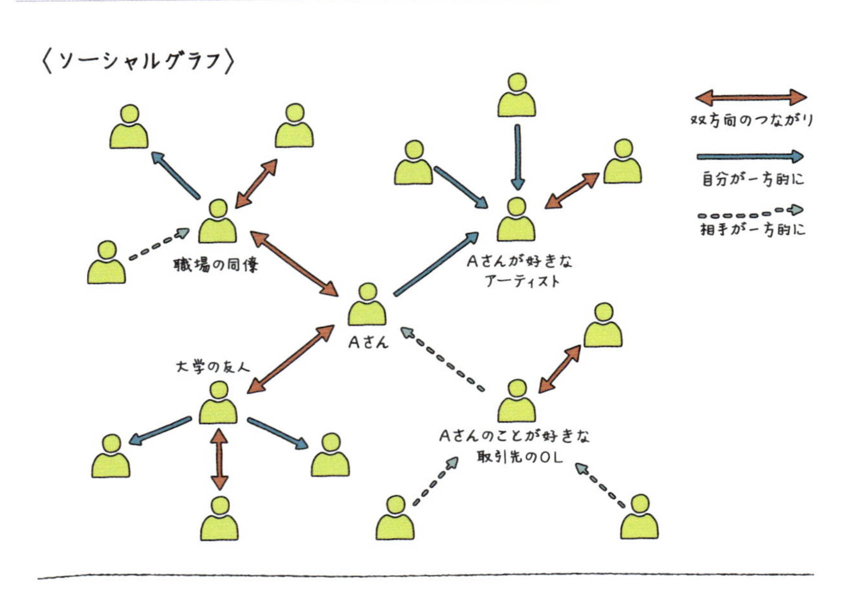

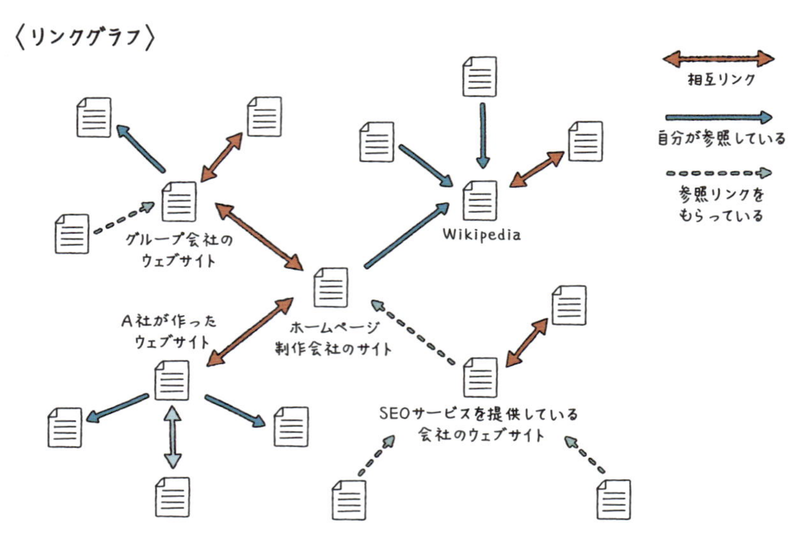

それがSEOとどう関係あるの？

たとえば、すずちゃんがFacebookで初対面の人から友達申請をされるとするじゃない？　共通の知り合いもだれもいなくて、その人がどんな人とつながってるかもよくわからなかったら、そんな人をいきなり信用できないよね？

そういう申請、よく来るけどね。たしかに、共通の知り合いが何人もいたら、ちょっと安心する。

それと同じような感じだよ。「あなたはどういうサイトとつながってるの？」とか「どういうジャンルのページからのリンクが中心なの？」とか、逆に「あなたのサイトはどういうサイトにリンクしているの？」とかは、「信頼するに値するサイトなのか？」とか「インターネット上でどれだけの影響度があるサイトなのか？」といったことを検索エンジンが理解する手がかりになるよね。

うんうん、そうだね。ソーシャルグラフで言い変えれば、「その人はどういう人と普段はつながっているの？」とか「その中でもどういう属性の人とのつながりが多いの？」とか「その人はどういう人のアカウントをチェックしているの？」とか、そういうことかな。

そういう感じ。リアルな人間関係でも、いろいろな活動を続けていくと、ちょっとずつ自分と同じような属性の人たちと新しく関係性が築けたり、知らない人に知ってもらえる機会が増えたり、注目してもらえる機会が増えたりするよね。それと同じで、インターネットを使って継続的に情報発信していったり、オフラインで活動した報告とかをコンテンツとして掲載したりしていくと、人間関係と同

じように、自分のサイトに自然といいリンクグラフが形成され始めるんだ。

なるほどねー。逆に言えば、どこにも行かずに、だれとも関わらずに、家でゲームやってるだけの人が新たな人間関係を築いていけないのとおんなじような感じで、「**何の情報発信もしていないサイトは、リンクグラフ全体の中で孤立した存在になっちゃう**」ってことだよね。そしたら、Googleとしてもそういうサイトを無責任に高く評価しにくいよね。

そう。だから、さっきのPageRankだけで考えていくと「たくさんリンクを集めよう」っていうだけの印象を受けるかもしれないけど、もっと広い視野に立てば
「サイトにとって有益なリンクグラフを形成できるように、継続的にインターネットで情報発信しましょう」
ととらえ直すことができるよね。そういうことをちゃんとイメージできたうえで、「より多くのリンクが得られるようにがんばろう」って考えれば、「何か特別なことをやらなきゃいけないんだ！」って感覚は少なくなっていくと思う。

たしかに。もともと「リンクが少ないから増やさないといけませんね」とだけ言われてたんだけど、そういう一面的な考えじゃダメってことだね。

そういうこと。だから、「コンテンツを作ろう」の部分と合わせて考えれば、
「インターネット上でのあらゆる情報発信を通して、ほかのサイトとの関係を幅広く構築し、サイトの信頼度や影響度を高めていく」

みたいな取り組みがSEOの土台としてとても重要だって理解できると思うんだ。

最初のほうにこれ聞いたら「なんのこっちゃ」って感じだったと思うけど、今はけっこうしっくりきてる。結局それが、「ちゃんとしたコンテンツを作って、発信して、リンクを集めていく」ってことだもんね。それがSEOにもつながって、そのコンテンツとかリンクが将来的に検索から継続的なアクセスを集めていくための資産になる、そういうことでしょ？

感動するレベルでまとめてくれてありがとう。すずちゃんが言ったとおり、**作ったコンテンツや集まったリンクは、消さない限りはずっと残り続ける**ものだからね。有意義な情報発信を継続するのは、本当に大事。

なるほどねー。

検索エンジンのシステムの隙を突く「ブラックハットSEO」

ところで以前、「検索エンジンのシステムは不完全だ」って話をしたのは覚えてる？

うん、覚えてるよ。

今でこそ、優れた情報を持っているサイトが検索結果で上位に表示されるようになってきているけど、それもまだまだ不完全。**情報を機械的に処理する以上、やっぱり完全に人間と同じようには情報を扱えない**んだよね。

だからこそ、SEOっていう技術があるんじゃないの？　そう言ってたよね？

そのとおりだよ。そして、その考え方には大きく分けて2種類のアプローチがあるんだ。

えっと、具体的には？？

ちょっとややこしいけど。
①不完全なシステムでも正しく情報やその価値を理解できるよう、その不完全さを考慮してサイトを運営する
②システムが不完全であることを利用して、検索エンジンにサイトの価値が高いかのように見せかける対策を施す

前から土居さんが言ってるのって①のことだよね？

そうなんだよ。でも、現実にはSEOを②ととらえている人が大勢いるんだ。そういう人がSEOを考えようとするとどうなるかっていうと、「このサイトをどうやって上位表示させようか」って話になっちゃう。

あっ、そう言われてみれば、私も話聞くまではそうだったかも。サイトの情報の価値とか何も考えずに、「SEO＝上位表示させる方法」だと思ってたし……。

もちろん、SEOで目指す結果って「サイトが検索結果で見つけられるようになること」だから、決してまちがってはいないよ。でも、①と②では考え方が全然違うのはわかるよね？

うん。①だと「サイトの価値をしっかり高めていかないといけない」って前提があって。でも②だと「サイトの価値を高めなくても、検索結果で優遇されるように工夫しましょう」だもんね。

よく理解できたね、そういうこと。ちょっとした業界用語を使うと、①を「**ホワイトハットSEO**」、②を「**ブラックハットSEO**」って呼んだりもする。こんな言葉は覚えなくてもいいんだけど、考え方としては大切だから、知っておいて損はないよ。

ふーん、白い帽子と黒い帽子か。なんかおもしろいね。

なぜ、多くの人が SEO＝ブラックハットSEOという認識なのか

で、話を戻すと、少なくとも多くの人に、SEO＝ブラックハットSEOっていう考え方が浸透しちゃってる。これはどうしてだと思う？

んー、どうしてだろ……。ちょっとわかんないや。

ちょっとたとえ話をするね。大学受験に合格するには、成績が上位じゃないといけないよね。成績が上位になるためには、テストでいい点を取らないといけない。

そうだね。しかも、いろんな科目で。

そう。じゃあ、こんな光景を想像してほしいんだ。あくまでも架空のイメージだけど。
「時間内に問題を解いて、皆さんの中で高い点数をとった人が合格です」
って張り紙だけがしてあって、試験監督もだれもいない。まわりはカンニングし放題だし、そういう人たちがみんな高得点を取って合格する。すずちゃんだったらどうする？

えー、なにそれ。真面目に勉強してる人が馬鹿みたいじゃん！　そんなのダメだけど、そういう前提で、合格することを最優先に考えるなら、私も同じことやると思う。

すごく乱暴なことを言ってしまえば、かつての検索エンジンもそういう状態だったんだ。

ズルし放題だったってこと？

もちろん「何でもアリ」ってわけでもなかったけど、ちょっとしたテクニックで順位を不正操作することは決して難しくなかった。その**“ちょっとしたテクニック”で企業が売上を上げることができて**

しまうことが多かったから、みんながこぞってそういうやり方を追求するようになったんだ。

うーん、難しいね。それって絶対違うよねって思うけど、でもビジネスにとっては成果が出るってことは大事だし……。

そういうこと。まだ初期のころは「どうすれば検索結果で順位が上がるのか？」ばかりが先行しちゃって、それがいわゆる「SEO対策」みたいな言葉で広がっていった。事業としてそれを代行する業者もたくさん現れて、いろんなサービスがどんどん広まっていって。

それで蓋を開けてみたら、みんながやっていることがじつはSEOっていうより「ブラックハットSEO」でした、って感じ？

ズルをするより普通にがんばったほうが早い時代に

そう。でも最近は、そういう時代とはずいぶん変わってきた。さっきの大学受験の例で言えば、ズルしないように試験官が配置されて、ズルが発覚した人は高得点とっても合格取消し、みたいにね。

じゃあ、ズルできなくなったんだ？

「しにくくなった」といったほうが正しいかな。実際にうまいことズルしようとする人もまだ多いし、それがある程度うまくいってるように見えるケースも少なくはない。
でも、最近はどんどん試験官の数が増えて、それぞれの不正発見能力が上がってきてるようなイメージ。結果的に**「ばれないようにズルするために必要な労力」が格段に上がってきた**んだ。

ふーん。でも、「ズルするために努力する」って、なんか本末転倒な気がするけど……。

そう。それで今はどういうタイミングかというと、「そんなことに努力するなら、普通にがんばったほうが早いよね」っていう人がどんどん増えてきている、てところなんだ。

普通にがんばる、っていうのは「ブラックハットSEO」じゃなくて「ホワイトハットSEO」でがんばるってことだよね？　なんか話だけ聞いてると「そんなの当たり前じゃん」って思うんだけど……。

うん、そういうことだよ。ブラックハットな手法でいろんなサイトが好き勝手順位を操作できちゃったらさ、検索する人にとっては逆に使い勝手の悪い検索結果が出来上がっちゃうよね。だから、アルゴリズムを変更する目的の1つに、そうした手法で順位が操作されないようにするためのしくみを作ることも含まれているんだ。

なんかわかったよ！　そういう手法ばっかり使っている人たちが、「アルゴリズムが変更されるたびに順位が落ちたり、いちいち振り回されて大変」って言ってるってことか！

そのとおり。受験の例で言えば、「出る問題や出題傾向は変わっても、勉強して身に付けないといけないことってさほど変わらない」ってイメージ。

つまり、ちゃんとしたやり方でSEOをやっていれば、アルゴリズムが変わってもいちいちおおげさに騒ぐ必要はない、ってことだね。

うん、ほとんどのサイトではそうなるね。あらためてSEOのやり方としての是非も問われるようになってきているし、ビジネス的にコスト面とかリスクとリターンのバランスの問題も含めて「もういい加減、みんなちゃんとやりましょうよ」というのが今の流れなんだ。

なるほどねー。よくわかった！

ブラックハットSEOとリンクの関係

ブラックハットSEOってのがあるのはわかったんだけど、それはリンクの話と何が関係あるの？

じつは、ブラックハットSEOの最も代表的な手法が、「リンクグラフを偽装して価値あるサイトに見せかける」というものだったんだ。噛み砕いて言えば「適当なサイトをたくさん作って自分のサイトにリンクしたり、相互リンクみたいな感じでリンクを交換したりして、とにかく自分のサイトが多くのリンクを集めているかのように見せ

かけて順位を上げる」とかってことね。

リンクグラフを偽装して順位を上げようとするのが「ブラックハットSEO」

そういうやり方があることは知ってるよ。でも、さっきの話を聞いたうえで言えば、
「どうでも良い外国人とか知らない人とかに友達申請しまくって友達を多く見せかける」
「自分でFacebookのアカウントを適当に作りまくって友だちになって、まるで自分が友達たくさんいるように見せかける」
とか、ちょっとイタイ人みたいな感じに思えちゃうんだけど……。そんなやり方で順位が上がっちゃうってこと？

少なくとも、何年か前までは正直何でもアリっていう感じだったかな。そういうやり方でも検索順位はバリバリ上がってしまってたし、何より「そういうやり方に長けていることがいいSEO会社の条件」みたいな風潮もあったしね。それの延長で、今でもSEOのことを「リンクを偽装して上位表示することだ」と信じている人も少なくない。

ってことは、今でもそういうやり方をしてる人がいて、それなりに効果があるってこと？

うん、今の時点では、それなりにはあると思う。Googleもそういうのを完全にゼロにすることはなかなか難しいみたい。

でもさ、そんなのが不自然なリンク関係だってことは、今のGoogleだったらわかっちゃうんじゃないの？

ある程度は理解できるだろうね。**やり方もパターン化されているから、不正を検出するためのしくみはけっこうできてきてる**みたい。
たとえば、Googleには質の低いコンテンツが検索結果に出にくいように「パンダ」っていうアルゴリズムがあるってことは覚えてるよね？　それと時期を近しくして、「ペンギン」って名前のアルゴリズムが導入されたんだ。これが、リンク偽装みたいに不正な順位操作をしようとしているサイトを検出して、検索結果での順位を下げることを強化するためのしくみなんだ。

パンダとか、ペンギンとか、Googleもずいぶん可愛らしい名前をつけるんだね……。

うん、そういう名前がついてるから重要だとか、そういうことはあんまり気にしなくていいよ。実際には、そういう名前のついたアルゴリズムだけが検索順位を決めているわけではないし、あくまで近年取り入れられた代表的なしくみとして紹介したんだ。
大事なのは、そういうアルゴリズムがあることを知っていることではなくて、**「中身の詰まったコンテンツを発信しよう」「不正な順位操作はやめよう」ってことを理解できているかどうか**、だからね。

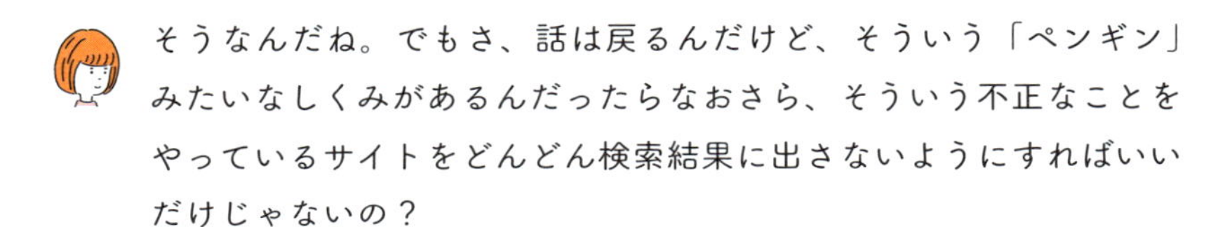

しくみを強化しても、不正なサイトが検索結果に出てきてしまうワケ

そうなんだね。でもさ、話は戻るんだけど、そういう「ペンギン」みたいなしくみがあるんだったらなおさら、そういう不正なことをやっているサイトをどんどん検索結果に出さないようにすればいいだけじゃないの？

そう思うよね。でも、それがなかなか難しい理由がいくつかあるんだ。1つは、単純にすべての不正を検出できているわけではないから。あと、そういうリンクを集めているサイトの評価をかんたんに落としてしまうと、**今度はそのしくみを利用してほかのサイトの順位を落とすことができてしまう**、ということはわかるかな。

あっ、ほかのサイトの順位を落とすために、そういうしくみが悪用されちゃうってことか！

「**ネガティブSEO**」とかって言ったりするんだけど。ここは現時点では解決するのがなかなか難しい問題で、実際にそういう事例が出てきてしまっている。そのあたりのバランスを取らないといけないから、アルゴリズムでの評価に加えて、不正な順位操作をしていることがわかったサイトに対して人的なペナルティ措置をとったりする動きも最近は活発になっているよ。

少しずつ理想に近づいていっている

なるほどー、ズルいことを考える人は多いんだね。

まぁ、今だったらそう言ってしまえるよね。でも、たとえば10年前とかを想像してみるとさ、さっき説明したような「インターネット上の活動を通じて、コンテンツを発信して、良質なリンクグラフを形成しよう」なんてことをなかなか実現できなかったと思うんだよね。

どういうこと？

昔のインターネットは、ブログもなければ、TwitterとかFacebookみたいなものがあったわけではないし、個人も団体も含めてこんなにみんなが当たり前にWebサイトを持っていたわけでも触れるわけでもなかった。少なくとも今みたいに手軽にURLを共有したり紹介するように、情報が流通しやすい環境ではなかったんだよね。

インターネットの今と昔

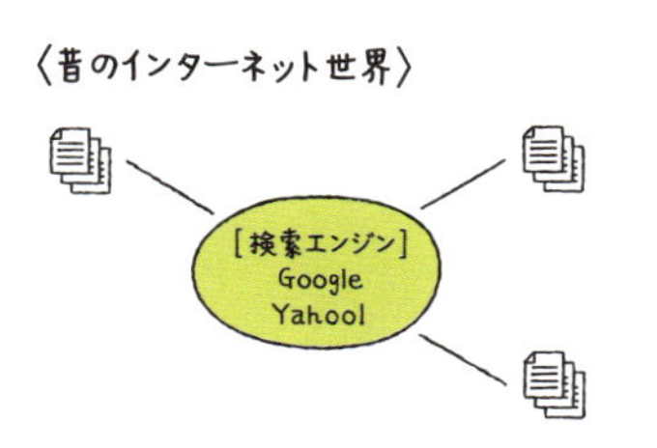

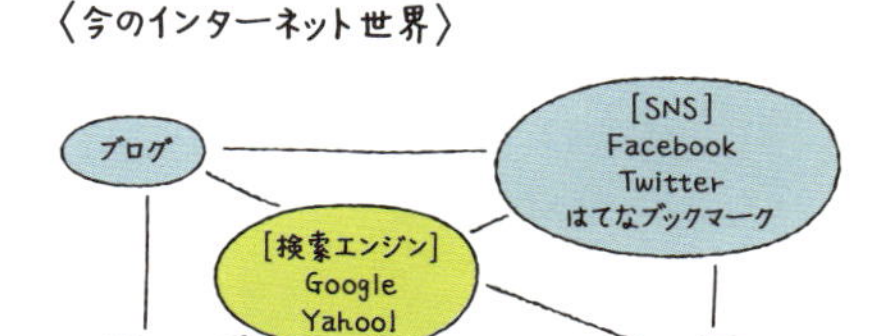

たしかにそうだね。そもそも、情報を発信して告知する手段も、情報を発見する手段も、第三者にそれを教えてあげる機会も、今に比べれば全然限られていたし。

だから、今みたいに「リンクされるような情報を作って、みんなに届ければ、リンクは自然に増えていく」世界が実現しにくかったんだ。それに加えて、不正なリンク偽装を検出するレベルも低かったから、なおさらみんなはそういう方向に行ってしまったことも背景にあると思う。

なるほどねー、いろんな理由があるんだ。

とは言え、今はもうそういう時代じゃないし、そういう**リンクの偽装みたいなやり方で上位表示できたとしても、長続きしないことがほとんど**なんだ。

順位が落とされちゃう、ってこと？

そうとらえてくれていいよ。100％ではないんだけど、徐々にそれに近づいているのも事実。それをわかっていて、そういう手法を薦めてくる人とか実践している人もまだまだ多い。そういう事実も理解しておいたほうがいい。何より、SEOでこれからやらなきゃいけないことはそういうことじゃないっていうのは、もうわかるよね？

うん、よーくわかった！

じゃあ、いったんここまでのポイントをまとめよう。

Point1　SEOにおいて、リンクを集めることは今も昔も最重要項目の1つ

昨今のSEOの文脈においては、「Content is King（コンテンツは王様）」という言葉に代表されるように、「良質なコンテンツを作る」という話題に焦点が当たることが多くなっています。しかし、SEOを成功させるためには、良質なコンテンツを作るだけではなく、それを適切な人に届け、結果としてサイトにリンクが集まるように努力していくことが不可欠です。多くのリンクを集めたサイトは、結果として検索結果で優位なポジションを獲得しやすくなります。

Point2　リンクを偽装することによる順位操作は、ブラックハットSEOの代表例

「リンクを集めることが重要」裏を返せば「リンクが集まれば検索結果で有利になる」というしくみを悪用して、「自分たちでサイトを量産して、リンクを自分のサイトにリンクする」「すでにそうした大量のリンク提供用サイトを保有している団体に有料で依頼して、リンクをしてもらう」など、リンクを偽装する手法によって検索エンジンの順位が操作され続けてきました。そうした不正操作を行うためのSEOを総称して「ブラックハットSEO」と呼ぶことがあります。現時点ではそうした手法の効力はほとんどなくなっているとは言え、未だに「そうした手法こそがSEOである」と認識している方は少なくありません。

Point3　リンクを獲得することは、サイトに支持票を集めること

リンクを獲得するということは、「紹介される」「引用される」「推薦される」といった意味を必ず含みます。多くのサイトから紹介、引用、推薦されるようなサイトにはそれだけの理由があるのでしょうし、それはつまり検索結果で優遇するための強い根拠の1つです。

SEOの取り組みとして、そうした背景を理解したうえで、「どうしたらより多くのサイトから支持されるのか？」「だれが自分のサイトを支持してくれるのか？」を考えながら、リンクを集めていく必要があります。

Point4　人間関係が形成されるように、さまざまなサイトとリンク関係を築いていく

「リンクを増やしていく」という取り組みは、身近な例で言えば、人間関係を築いていく過程と共通していることが多いです。たとえば、自ら人間関係を遮断して家の中にこもってばかりの人、何ら特筆するような活動もしていない人、付き合っても自分の自慢話しかしない人が豊かな人間関係を築いていくのは難しいことは想像できるでしょう。

それと同じで、何の情報発信もしていないサイト、ありふれた情報しか掲載していないサイト、売り込み文句ばかりで検索する人が何かしら得するようなコンテンツを掲載していないサイトが、多様なサイトから支持を得て、リンクを張ってもらうのも難しいのです。

Point5　コンテンツ→人が集まる→リンクされる→人が集まる、のサイクルを作る

継続的にコンテンツを作成、告知することで、サイトに人が集まります。サイトに集まった人が好意的な印象を持ってくれた場合、何ら

かの形でリンクしてもらえる可能性が出てきます。そうした人を増やしていくことで、自然なリンクが増えていきます。

リンクが増えれば、そのリンクを通じてさらに新しい人がサイトを訪れるようになります。また、リンクを集めた結果として、検索結果でも露出が増えていくことになります。

そうしたプラスのサイクルを作ることが、SEOの1つの大きな目標であると言えます。多くのサイトは、このサイクルに達することなく断念していくので、最も重要なのは「継続すること」にほかなりません。

第7章

SEOを「売り手目線の販促活動」と考えてはいけない

「商品の販促」なのか、「情報の流通手段」なのか

最後に、１つ難しい問題を挙げておくよ。SEOを「広告」と同じものとして認識している人が多いんだ。

それって何か違うの？

もちろん、サイトを見てくれる人を増やすとか、結果として売上をあげたいとか、そういう目的としてはたしかに同じ。だから、広告と並列に扱われることはまちがってないよ。でも、広告とSEOでは、取るべきアプローチはまったく違うんだ。

うーーん……ごめん、それちょっとよくわからない。

広告は「商品を買ってもらうために出稿するもの」で、SEOは「検索する人に情報を届けるための手段」なんだよね。まとめてしまえば「商品の販促」なのか「情報の流通手段」なのかの違い。もちろんインターネット広告を直接的な販促以外の目的で使うこともあるし、SEOも最終的には販促を目的に行われるものだから、厳密な線引きをすることはとても難しいけれども。

センパイ、自分の理解度は15％くらいです……。

広告を出すには予算が必要。一方で、SEOで検索結果に出るには「検索する人が探しているコンテンツが存在していること」と「検

索エンジンから高く評価されていること」が必要。SEOではお金をいくらかけたかは関係ない。少なくとも、アプローチはまったく違うことはわかるよね。

それは理解できるよ。

それなのに、広告と同じものとして扱われたらどうなるか？ 「売上につながるキーワードで上位表示しなさい」ということになってしまう。ここには最初から繰り返し言っているような、「検索する人を主体としたSEO」の考え方がすっぽり抜け落ちて、完全に「売り手目線の販促活動の1つ」になってしまっているんだ。

センパイ、理解度70%まで上がりました。

専門家でも「SEO」と「ブラックハットSEO」を区別できていない人が

でもそういう考え方では、本来の意味でのSEOは実現できないのはもうわかってるよね。でも、それを実現させてきたのが、ブラックハットSEOという手段なんだ。「できるだけ早く、安く、検索結果を操作するにはどうしたらいいか？」それがWebマーケッターのSEOの考え方の中心になってしまったんだよ。

まとめると、こういう背景があったから、ブラックハットSEOだらけの世界になっちゃった、ってことかな。

- 不正なやり方でかんたんに順位操作できちゃう環境があったから、みんながそういう方法を学んで実践していった。
- そうした手法が一定まで普及し、SEO＝不正な順位操作（＝ブラックハットSEO）という認識が常識となっていった。
- そういうSEOをすることがWebマーケティングとしても効率がいい手段だったから、普及していった。

そういうこと。よく理解してくれたね。そして最後に、そのうえで、「SEO」と「ブラックハットSEO」の区別ができていない人も未だにまだまだ多いってことは知っておいてほしいんだ。それはSEOの専門家とか専門会社であっても同じで、未だに「どうやったらうちのページが上がるか？」だけを考えていて、それがSEOだって思っている人も多いんだ。だから、そういう人からSEOの話を聞くとしても、具体的にどんなことをやるのかを聞いて、「それはサイトのSEOのアプローチとして正しいのか？　妥当なのか？」ってことは自分で最低限判断できないといけないよ。

Point1　広告とSEOでは、アプローチがまったく異なる

広告は、出稿する広告と、出稿するための予算があれば始められるものです。一方で、SEOは、検索する人が検索に求める情報をコンテンツとして保有していること、サイトが総合的に検索エンジンから高く評価されていること、そのどちらもそろって初めて達成できるものです。広告は「露出を前提に、どのように展開するか」を考えますが、SEOは「どのようにして露出を実現させるか」を考えていくアプローチが中心となるのです。

Point2　売り手目線ではなく、買い手の期待に沿ってコンテンツを流通させるのがSEO

多くの場合、インターネット広告に必要な視点は「だれに、どう訴求すれば、買ってもらえるか」といったことです。一方で、SEOに必要なのは、「だれが、どういう検索で、どういう情報を求めているのか」という視点です。よりいっそう、情報を探す人に沿って考えていく必要があり、「こういうキーワードで上位表示したい」と願うだけでは達成されないのです。

Point3　「売れるキーワードで効率よく上位表示」は不正な順位操作への第一歩

広告と同様の視点でSEOを突き詰めて考えると、「このキーワードで、このページを手っ取り早く上位表示させられれば、もっと効率よく売上をあげられるのに」というところに行き着きます。リンク偽装に代表されるブラックハットSEOは、こうした発想から生まれるものです。SEOは、「情報発信を通じて、検索する人やほかのサイトとの関係性を築いた結果として成功できるもの」という前提で、広告的な視点と切り離して考えなければいけないことも多いのです。

おわりに

検索エンジンの進化と
これからのSEO

検索する人がいる限り、SEOはなくならない

ここまでだいぶ長かったかもしれないけど、SEOをこれから実践していったり、学んでいくための土台は伝えてきたつもりだよ。

うん、おかげさまで、今ならいろいろ理解できている気がするよ。今までの話って、おおまかにまとめるとこんな感じかな？

・みんなが検索しているキーワードを、ツールとかを使って把握し、「どんなことが、どんな検索で探されているのか？」を理解する。
・検索エンジンが情報を正しく処理できるようにサイトを作る。
・Web上で検索する人にとって有意義なコンテンツを発信をしていくことで、自分のサイトに有益なリンクグラフを形成していく。
・不正に順位を操作するような手法はもううまくいかない、地道に継続することが必要。

そのとおり、よく理解してくれたね。でも、**ここまで伝えてきたことは、「検索エンジンが優れたコンテンツを理解して、優先的に上位に表示できる」っていう前提があって初めて言えたことでもある**んだ。

どういうこと？

昔に比べて、今の検索エンジンは格段に性能が良くなっているんだ。本当に初期の頃は、本当にただキーワードを詰め込んだだけのページばっかりが上位に表示されてたりもしたし。そういう時代か

ら比べれば、進化してるのはまちがいないよ。
でもね、まだまだ完璧とはほど遠い状態だね。だからこそ、アルゴリズムを毎日のように調整することで、より理想に近い検索結果を作ろうとしてるんだよ。

なるほどねー。ただ変更するんじゃなくて、より良い検索結果にしたいってことなんだね。

たとえば今だったら、検索する人が何回か検索しなおすことがあったり、サイトを作る人が細かいことを気にしないといけなかったり、時には優先して表示される価値のなさそうなページが上位にヒットしていたりもするよね。

うんうん。

少なくとも、今の検索エンジンの性能はまだまだその程度なんだ。

検索エンジンはまだまだ不完全

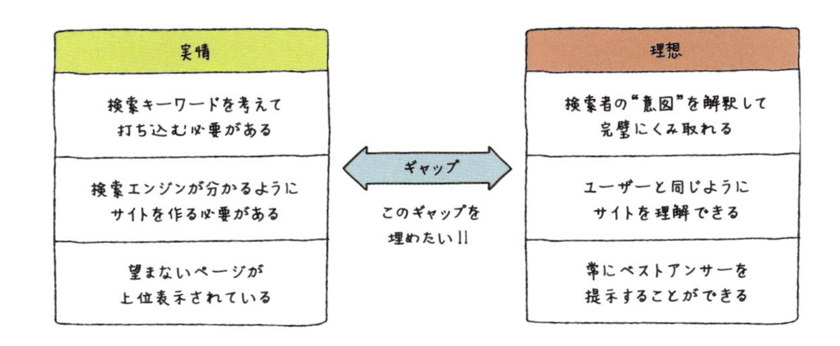

もっと言えば、**今の形の検索エンジンが完璧になることは、今後もない**と思っていていいと思うよ。

えっと、それってどういうこと？？

検索が普及しはじめた当時は、ホームページはHTMLを使ったシンプルな作りのものが大半で、パソコンに向かって検索していたよね。でも今って、新しい技術がどんどん生まれてきて、それらを取り入れたサイトもどんどん増えてきている。検索する人も、パソコンの前じゃなくて、スマートフォンやタブレットを使って検索することも増えているよね。

あっ、たしかにそうだね。そういう意味では、TwitterとかFacebookとかもそうだし、ブログだって最初はなかったわけだし。

そう。そういうのが普及して、今までよりもずっとかんたんに個人がインターネット上で情報を発信したり受け取ったりできるようになってきている。ホームページじゃなくて、スマートフォンアプリを通じてコンテンツを提供するサービスもどんどん増えてきているよね。
これがたった10年やそこらで生まれた変化だよ。さらに10年後には、今からは想像できないような世界になってると思わない？

言われてみればそうかもね。その時、私何歳なんだろ……逆に想像したくないや。でもそしたら、検索エンジンとかSEOって技術もそのうちなくなっちゃうってこと？

そうは思わない。**検索エンジンとかSEOが必要なくなるのは、みんなが検索することをやめたとき**かな。検索する人がたくさんいるならば、仮にスタイルが変わっても、情報の流通のインフラとしての検索エンジンとか、それを手助けする技術としてのSEOは変わらず必要なんじゃないかな。

そっか、そうだよね。でもだからこそ、「今の順位を上げたい！」っていって目先の結果だけを見た対策ばっかり追っかけてても仕方ないじゃん、ていうのはなんか理解できた！

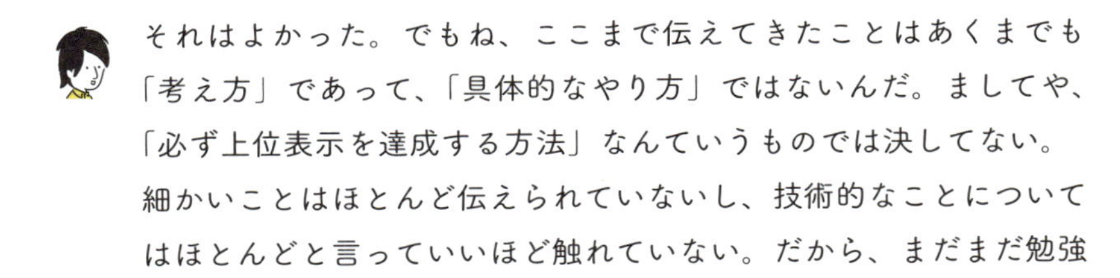
自分の頭で考えて、少しずつでも実践していこう

それはよかった。でもね、ここまで伝えてきたことはあくまでも「考え方」であって、「具体的なやり方」ではないんだ。ましてや、「必ず上位表示を達成する方法」なんていうものでは決してない。細かいことはほとんど伝えられていないし、技術的なことについてはほとんどと言っていいほど触れていない。だから、まだまだ勉強していかないといけないことはたくさんあるよ。

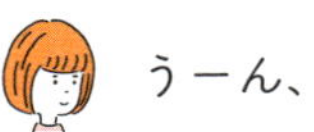

うーん、どれくらいあるんだろう？？

どうだろうね。測ったことないからわからないけど、「**1つのものを極めるのには、最低でも10000時間それに没頭しなさい**」っていう言葉もあるみたいだし、だいたいそれくらいじゃないかな？

体感ではもう少しはかかるかな。

えー。全然そんなの現実的じゃない、っていうか私には無理だと思います……。

もちろん、それは「あらゆることを、ある程度経験として理解できるまでには」ということだから、専門家でない限りはみんながそんなレベルになる必要はないよ。ただし、そうすると、実践するための知識については「都度調べながら」とか「人に相談しながら」ということになるんだけど、その情報の取捨選択もなかなか難しい。

？？　なんで？

ネットや本に出回っている情報には実際にはデタラメなものがけっこう多かったりするし、誤った解釈に誘導しようとしているものも多いんだ。むしろ、**信頼できる有用な情報のほうが圧倒的に少ない**くらい。

へー、そうなんだ……。それじゃ、どうすればいいの？

残念なことにパーフェクトな回答は持ちあわせていないけど、まずは「持っている知識をもとに、自分の頭で考えて、少しずつでも実践を積んでいく」とか「『○○するのはSEOに有効です』『○○は○○するといいです』といった**情報を見かけた時にそのまま鵜呑みにしないクセをつける**ことだと思うよ。

なるほどねぇ……。ちゃんと理解できるまでには、道のりは長そうだ。でも、とにかく自分でやってみないことには、いくら理屈を教

えてもらっても、技術的なことを理解しても、結局はノウハウとして貯まらないってことだよね。

なんか無責任だなって思うけど、実際そのとおりだと思う。

とりあえず、自分でやれることからやってみることにするよ！！

Point1　アルゴリズムの変更は、あくまで検索結果を改善する手段でしかない

「アルゴリズムが変わると、SEOでやることも変わる」と言う方がよくいますが、それは誤りです。もちろん、実務上重視すべきことが変わるといった変化はありますが、本質的には「より良い検索結果を提示したい」という検索エンジンの基本的な方針は不変であり、そのための手段として、新しい技術をエンジンに搭載しているにすぎません。つまり、SEOの取り組みは、第1章で述べたような、「検索結果で優先的に表示されるに値するようにサイトを運営していく」という点では大きく変わらないのです。

Point2　人が検索をやめない限り、SEOはなくならない

以前は「キーワードを何%になるように調整するといい」といった細かな最適化テクニックが重要視されましたが、検索エンジンの技術が進化することで、不要になっているのはまちがいありません。本来、そうした細かな調整などはユーザーにとってはどうでもいいことであり、それが不要になったということは「SEOのために余計なことを考える必要がなくなった」と言い換えればいいのです。

検索する人がたくさんいるかぎり、「自分のサイトが、検索結果でどのように露出していくべきか？」を考える必要はあります。結果として、本書で取り上げているようなSEOの取り組みはなくならないのです。

Point3　検索の環境が変化すれば、SEOのあり方も変わっていく

インターネットの世界は、パソコンからスマートフォンに、Webからアプリに、というように、時代とともに変化を遂げています。その中で「ユーザーが検索をどのような利用シーンで、どのように活用するか？」という文脈も大きく変わってきています。

SEOは、検索エンジンのアルゴリズムの変化ではなく、そうしたユーザーの行動の変化に合わせて変わっていく必要があります。しかしそれでも、「情報を探している人に適切な回答が届くようにする」という基本は変わらないものです。

Point4　世の中のSEO情報にはデタラメも多く、すべてを鵜呑みにするのは危険

業務上、より深いSEOの知識を得るために勉強をする必要が出てくると思います。今なら、ブログや書籍、セミナーやオンライン講座などを通じて、だれでもかんたんにSEOの情報に触れることができます。しかし残念なことに、自信をもっておすすめできる情報源は、全体の中ではごくわずかです。「根拠がわからない」「だれ向けに書かれた内容かわからない」「まったくの嘘やデタラメ」そういう情報が多数出回っています。

情報を取得することがかんたんになった一方、情報を取捨選択し、どう取り扱うかの判断は、あなたに委ねられることになります。SEOに関わるすべての方が最低限の知識を持っておくことも、SEOを成功させるための必要条件になります。

Point5　SEOを正しく理解するには、学習と実践を繰り返し、たくさん経験を積むこと

最後に、書籍やブログなどで第三者の知識を学ぶだけでだれでも習得できるほど、SEOはかんたんなものではありません。学習のみならず、実践を通じ、多くの経験値を積んでいくことでしか見えないことはたくさんあります。少なくとも執筆時点では、世間的なSEOの需要に対して、供給側で正しく応えられる人材があまりに少ないのが現状です。

今からしっかり場数を踏んでいけば、SEOのトップレベルになれる可能性もあると思います。地道な取り組みではありますが、ぜひ多くのことに挑戦して、レベルアップできるようがんばってください！

PROFILE

土居健太郎（どい けんたろう）

1984年　神奈川県横浜市生まれの30歳。神奈川県立柏陽高校を卒業、一浪の末2004年に東京大学理科一類に入学し、2度の留年を経て休学、そのまま復帰することなく中退。その後は純粋なフリーターとして活躍。ある時、ほぼ成り行きでナイル株式会社に参画、未経験入社ながら猛勉強の末1年で同社の事業部長に抜擢され、SEO事業の本格的な立ち上げを行う。
現在は同社の取締役として、SEO技術の監修のほか、2012年8月にリリースされた自社メディア「Appliv」のSEOも手がけ、現在は月間500万人以上が利用するWebサービスに成長させている。

ナイル株式会社（Nyle Inc.）

「新しきを生み出し、世に残す」をミッション（社会的使命）とし、インターネットを通じた新たな付加価値の創造によって、より良い社会の実現に貢献するため2007年1月に設立。Webコンサルティング事業とインターネットメディア事業を展開する。
Webコンサルティング事業では、数多くの大企業や有名スタートアップのWebサイトの成長を支援。豊富な実績と専門知識を活用することで、ビジネスの目的に適したサイト設計からビジネスのステージを押し上げるための課題解決や事業展開の提案まで、多岐に渡るWebコンサルティング業務を行っている。

［HP］http://www.nyle.co.jp/

ナイル運営メディア
［Appliv］https://app-liv.jp/
［SEO HACKS］https://www.seohacks.net/
［UIDEAL］https://uideal.net
［Game Deets］https://gamedeets.com

装丁　成宮 成(dig)
カバー・本文イラスト　加納徳博
本文デザイン・DTP　成宮 成(dig)
編集　傳 智之

[お問い合わせについて]
本書に関するご質問は、FAXか書面でお願いいたします。電話での直接のお問い合わせにはお答えできません。あらかじめご了承ください。
下記のWebサイトでも質問用フォームを用意しておりますので、ご利用ください。
ご質問の際には以下を明記してください。

・書籍名
・該当ページ
・返信先(メールアドレス)

ご質問の際に記載いただいた個人情報は質問の返答以外の目的には使用いたしません。
お送りいただいたご質問には、できる限り迅速にお答えするよう努力しておりますが、お時間をいただくこともございます。
なお、ご質問は本書に記載されている内容に関するもののみとさせていただきます。

[問い合わせ先]
〒162-0846　東京都新宿区市谷左内町21-13
株式会社技術評論社　書籍編集部　「10年つかえるSEOの基本」係
FAX：03-3513-6183　Web：https://gihyo.jp/book/2015/978-4-7741-7324-5

10年(じゅうねん)つかえるSEO(エスイーオー)の基本(きほん)

2015年 5月25日　初版　第1刷発行
2022年10月19日　初版　第6刷発行

著者　土居健太郎(どい けんたろう)
発行者　片岡巌
発行所　株式会社技術評論社
東京都新宿区市谷左内町21-13
電話　03-3513-6150 販売促進部　03-3513-6166 書籍編集部
印刷・製本　日経印刷株式会社

定価はカバーに表示してあります。

造本には細心の注意を払っておりますが、万一、乱丁(ページの乱れ)や落丁(ページの抜け)がございましたら、小社販売促進部までお送りください。送料小社負担にてお取り替えいたします。
ISBN978-4-7741-7324-5　C3055　Printed in Japan